Die Verwendbarkeit der Drehstrom-Kommutatormotoren

Von

Dr.-Ing. **Carl Theodor Buff**

Mit 29 Textfiguren

Springer-Verlag Berlin Heidelberg GmbH
1913

ISBN 978-3-662-23920-9 ISBN 978-3-662-26032-6 (eBook)
DOI 10.1007/978-3-662-26032-6

Vorwort.

Die vorliegende Arbeit soll zur Klärung der Frage beitragen, wo die Drehstrom - Kommutatormotoren, an deren Ausbildung und Einführung seit mehreren Jahren gearbeitet wird, mit Vorteil verwandt werden können und wo nicht.

Im ersten Teil ist angestrebt worden, die Wirkungsweise und die Eigenschaften dieser Motoren — größtenteils unter Benutzung aus älteren Veröffentlichungen bekannten Materiales — so zur Darstellung zu bringen, daß sich ein mit der Projektierung von Anlagen beschäftigter Ingenieur daraus ohne großen Zeitaufwand über das Wesentliche unterrichten kann. Der zweite Teil enthält Untersuchungen für eine Reihe von einzelnen Anwendungsgebieten.

Bei der Ableitung der Schlußfolgerungen war Zurückhaltung am Platze, weil die technische Entwickelung der Drehstrom-Kommutatormotoren noch stark im Fluß ist; entschiedene Befürwortung oder bestimmte Ablehnung ihrer Verwendung wäre für eine große Zahl von Fällen noch verfrüht gewesen.

Trotzdem erschien es mir zweckmäßig, nicht auf den Abschluß der praktischen Erfahrungen zu warten und deren Ergebnis gewissermaßen nachträglich zu konstatieren, sondern im jetzigen Stande der Entwickelung den Versuch zu machen, die für die Projektierung von Anlagen mit Drehstrom-Kommutatormotoren wichtigen Gesichtspunkte zu kennzeichnen, und dadurch einige Anhaltspunkte und Anregungen für weitere Arbeiten auf diesem Gebiete zu geben.

Dortmund, April 1913.

Carl Theodor Buff.

Inhaltsübersicht.

Quellennachweis.

F. Eichberg, Über regelbare Drehstromkollektormotoren. ETZ. 1910, S. 473, 502, 535.

R. Rüdenberg, Über einige Eigenschaften des Drehstrom-Serienmotors. ETZ. 1910, S. 1181, 1221.

— Über die Stabilität, Kompensierung und Selbsterregung von Drehstrom-Serienmaschinen. ETZ. 1911, S. 233, 264.

G. Meyer, Die Verwendung verlustlos regelbarer Drehstrommotoren. EKB. 1911, S. 421, 453, 461.

M. Schenkel, Der Drehstrom-Reihenschlußmotor der Siemens-Schuckertwerke. ETZ. 1912, S. 473, 502, 535.

Die Kurven der Charakteristiken und Wirkungsgrade der Drehstrom-Reihenschlußmotoren wurden aufgestellt unter Benutzung von Material der Siemens-Schuckertwerke, G. m. b. H., Berlin.

Einleitung.

Das Ziel bei der Ausbildung der Drehstrom-Kommutatormotoren war, für alle Aufgaben, welche bereits mit regelbaren Gleichstrommotoren gelöst werden konnten, Lösungen unter unmittelbarer Verwendung von Drehstrom, unter Ausschluß von Umformern und besonderen Regelmaschinen, zu ermöglichen. In der Schlupfwiderstandsregelung der Asynchronmotoren, ferner in der Polzahlumschaltung und Kaskadenschaltung waren zwar Anordnungen bekannt, mit Hilfe deren man wenigstens einem Teil dieser Regelungsaufgaben in technisch und wirtschaftlich mehr oder weniger vollkommener Weise gerecht werden konnte; doch blieben Fälle genug übrig, in denen man entweder die als wertvoll erkannte Regelung der Elektromotoren durch Umformung in Gleichstrom erkaufen oder auf sie verzichten mußte.

Die vorliegende Arbeit dient der Untersuchung der Frage, auf welchen Gebieten die Drehstrom-Kommutatormotoren in ihrem jetzigen Entwicklungszustand nach ihren technischen und wirtschaftlichen Eigenschaften zweckmäßig sind und wo nicht. Zunächst sollen die Arten der Drehstrom-Kommutatormotoren, die grundsätzlichen Schwierigkeiten für ihren Bau, und ihre wesentlichsten Eigenschaften besprochen werden; alsdann soll für eine Anzahl der wichtigsten Anwendungsgebiete, zuerst für durchlaufende Betriebe, sodann für Umkehrbetriebe untersucht werden, welche Vor- und Nachteile die Einführung von Drehstrom-Kommutatormotoren gegenüber der Verwendung der älteren Regelungsanordnungen mit sich bringt.

Bei den Untersuchungen soll überall Drehstrom als gegeben vorausgesetzt sein, wo nicht die Frage nach dem zweckmäßigsten Stromsystem ausdrücklich zur Besprechung kommt. Wie später eingehender begründet wird, sind die Drehstrom-Kommutatormotoren infolge ihrer besonderen Schwierigkeiten gegenüber den regelbaren Gleichstrommotoren, wenn man die Motoren allein miteinander vergleicht, in bezug auf den Energieverbrauch und auf die Anschaffungskosten erheblich im Nachteil; wo für die Wahl der Stromart die Rücksicht auf die aufzustellenden regelbaren Motoren allein den Ausschlag gibt, kommt deshalb Drehstrom überhaupt nicht in Betracht. In der Regel werden aber andere Gesichtspunkte mitsprechen, z. B. die Rücksicht auf die räumliche Ausdehnung der Anlage, auf Motoren, bei denen kein Bedürfnis zur Regelung besteht, auf die Möglichkeit des Anschlusses an bestehende große Netze usw. — Von Einfluß ist in Zusammenhang hiermit auch die Frequenz des zur Verfügung stehenden Drehstroms. Bei amerikanischen Anlagen hat man sich beispielsweise meist von vornherein dafür entschieden, für die Fernübertragung der Energie Drehstrom, für die Verteilung Gleichstrom zu verwenden und hat dementsprechend die Frequenz 25 bevorzugt, die gegenüber der Frequenz 50 geringeren induktiven Spannungsabfall in den Leitungen ergibt und den Bau der Umformer erleichtert; da die Frequenz 25 für die Erzeugung von Licht nicht besonders geeignet ist, ist man ihretwegen dann stets zur Umformung gezwungen, wo man nicht mit zwei verschiedenen Verteilungssystemen für Kraft und Licht arbeiten will. Hingegen wurde auf dem europäischen Kontinent vorzugsweise die Frequenz 50 gewählt, die Übertragung und Verteilung der Energie mit Drehstrom erlaubt; in europäischen Anlagen wird daher viel häufiger ein Bedürfnis nach regelbaren Drehstrommotoren, namentlich kleiner und mittlerer Leistung, bestehen als in nordamerikanischen Anlagen, was auch darin zum Ausdruck kommt, daß sich die nordamerikanische Elektroindustrie auf diesem Gebiete weit weniger betätigt hat als die europäische.

I. Hauptteil.

Die Arten der Drehstrom-Kommutatormotoren.

Bei jedem Drehstrom-Kommutatormotor wird dem Sekundärteil über einen Kommutator eine äußere Spannung aufgedrückt, die bei den verschiedenen Betriebszuständen nach Größe, Vorzeichen und Zeitphase verschieden sein kann. Der Strom im Sekundärteil stellt sich bei jedem Betriebszustand so ein, daß die vier Werte Außenspannung, Drehflußspannung, Stromdurchgangsspannung und Streuspannung in jedem Augenblick im Gleichgewicht sind. Ist das von der Einwirkung des Drehflusses auf die stromführenden Leiter des Sekundärteiles herrührende aktive Motordrehmoment dem passiven Drehmoment der angetriebenen Maschine gleich, so besteht ein Beharrungszustand; andernfalls werden die bewegten Massen so lange beschleunigt oder verzögert, bis ein Beharrungszustand erreicht wird. — Zur Vereinfachung der Betrachtung können die Stromdurchgangs- und Streuspannungen im allgemeinen vernachlässigt werden.

Zur Kennzeichnung der Wirkungsweise der verschiedenen Arten der Drehstrom-Kommutatormotoren sei kurz folgendes bemerkt:

Bei den von Görges erfundenen Reihenschlußmotoren mit einfachem Bürstensatz, Fig. 1 und 2, wird das den Drehfluß hervorrufende Feld durch die räumliche Resultierende der vom Hauptstrom in den Ständer- und Läuferwindungen hervorgerufenen Felder gebildet. Die Anordnung eines Transformators zur Herabsetzung der Kommutatorspannung — als Vordertransformator vor dem ganzen Motor oder als Zwischentransformator zwischen Ständer und Läufer — ist als eine Maßnahme von konstruktiver Bedeutung anzusehen und bleibt ohne Einfluß auf die Wirkungsweise, da durch die Transformation das Produkt aus Strom und Spannung, also auch aus Strom und Windungszahl nicht geändert wird. — Die in der Ständerwicklung induzierte Spannung ist dem Produkt aus Drehfluß und Netzfrequenz proportional; die in der Läuferwicklung induzierte Spannung entspricht dem Produkt aus Drehfluß und Schlupffrequenz. Da die räumlichen Achsen der Ständer- und Läuferspulen am Umfange der Maschine bei den im Betrieb vorkommenden Fällen nicht zusammenfallen — bei dieser Betrachtung hat man natürlich die Dreieckschaltung des Läufers in eine Sternschaltung umzuwerten —, so erreichen die in ihnen induzierten Spannungen zu verschiedenen Zeiten ihre Höchstwerte; die Zeitvektoren der Ständer- und Läuferspannung bilden deshalb einen Winkel miteinander und ergeben geometrisch addiert den Gegenwert für die Netzspannung, können also unter Umständen einzeln auch größer als die Netzspannung sein.

Die Größe der Ständer- und Läuferspannung ist somit von drei Werten abhängig, der Netzspannung, dem Winkel zwischen den Spulenachsen und der Drehzahl.

Der Drehfluß muß so stark sein, daß er bei der jeweiligen Größe dieser drei Werte die als Gegengewicht für die Netzspannung erforderlichen Spannungen im Ständer und Läufer induziert, die Stromstärke so groß, daß sie bei dem bestehenden Winkel zwischen den Spulenachsen diesen Drehfluß erzeugt. Das Drehmoment entspricht dem Produkt aus dem Drehfluß und der räumlich senkrecht zu ihm stehenden Komponente des mit ihm zeitlich in Phase befindlichen Läuferfeldes, ist also gleichfalls von dem Winkel zwischen den Spulenachsen abhängig.

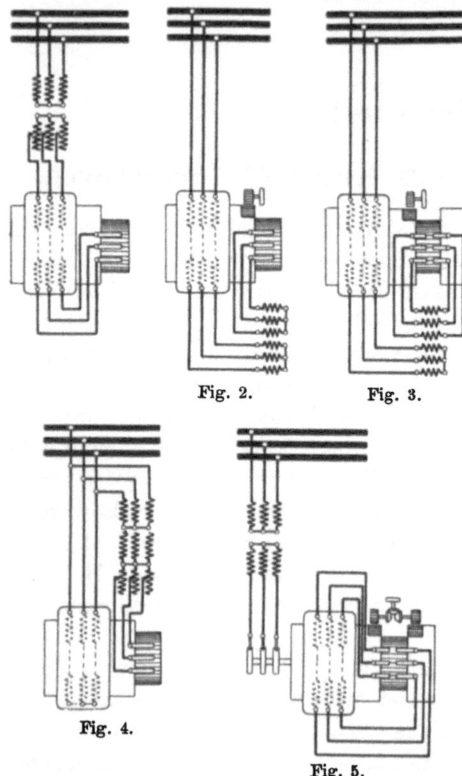

Fig. 1. Reihenschlußmotor mit Vordertransformator, einfachem Bürstensatz, Spannungsregelung. — Fig. 2. Reihenschlußmotor mit Zwischentransformator, einfachem Bürstensatz, Bürstenregelung. — Fig. 3. Reihenschlußmotor mit Zwischentransformator, doppeltem Bürstensatz, Bürstenregelung. — Fig. 4. Nebenschlußmotor mit Regelung der Frequenz im Läufer (Spannungsregelung). — Fig. 5. Nebenschlußmotor mit Regelung der Frequenz im Ständer (Bürstenregelung).

Diese Verhältnisse sind zu verwickelt, um in der Vorstellung leicht übersehen werden zu können; es sei deshalb auf die Diagramme in der Arbeit von Rüdenberg in der ETZ. 1910 S. 1181 ff.: „Über einige Eigenschaften des Drehstrom-Serienmotors“ verwiesen. Hier sei nur erwähnt, daß im allgemeinen bei jedem Betriebszustand ein eindeutiger Zusammenhang zwischen den vier Werten Netzspannung, Winkel zwischen den Spulenachsen, Drehmoment und Drehzahl besteht, so daß durch drei von ihnen der vierte bestimmt ist; jeder Zunahme des Drehmoments entspricht dabei eine Abnahme der Drehzahl und umgekehrt. — Eine Ausnahme bildet nur der Fall der Instabilität, der von Rüdenberg in der ETZ. 1911 S. 223 ff. näher behandelt ist. —

Die Drehstrom-Reihenschlußmotoren lassen sich also sowohl durch Veränderung der zugeführten Spannung wie durch Änderung des Winkels zwischen den Spulenachsen regeln; die erste Art der Regelung wird praktisch durchgeführt durch Anwendung eines Regeltransformators (Fig. 1), die zweite durch Verwendung verschiebbarer Bürsten (Fig. 2); beide Arten lassen sich auch kombinieren. Diese Regelmethoden machen es möglich, innerhalb der für die einzelnen Typen zulässigen Belastungsgrenzen für jedes beliebige Drehmoment jede beliebige Geschwindigkeit einzustellen.

Bei völliger Entlastung streben die Reihenschlußmotoren sehr hohen Geschwindigkeiten zu, weil der zur Schaffung der Gegenspannungen für die Netzspannung erforderliche Drehfluß mit dem ihn erzeugenden Strom stets ein Drehmoment bildet, solange die Achsen der Ständer- und Läuferwicklung nicht in Deckung gebracht sind. Beim verlustlosen Motor würden die Leerlaufdrehzahlen unendlich groß werden, praktisch erreichen sie jedoch infolge der Eigenverluste nur endliche Werte und liegen je nach der Größe der aufgedrückten Spannung und der Bürstenauslegung unterhalb oder oberhalb der mechanisch zulässigen Höchstdrehzahl.

Die Schaltung des Reihenschlußmotors mit doppeltem Bürstensatz (Fig. 3) entsteht aus der des Motors mit einfachem Bürstensatz (Fig. 2) dadurch, daß man die drei Sekundärspulen des Transformators mit den an sie angeschlossenen Bürsten verdoppelt, die beiden Transformator-Sekundärwicklungen mit ihren Nullpunkten aneinanderlegt und die Nullpunktverbindungen zwischen den drei Phasen öffnet. Die Wirkung dieser Schaltung ist die gleiche, als wenn zwei Stromsysteme von der Art, wie sie bei Schaltung nach Fig. 2 auftreten, sich überlagern; je nach der Stellung der Bürsten zueinander heben sich die Felder und Spannungen der beiden Systeme in der Läuferwicklung auf oder unterstützen einander.

Näheres über die elektrischen Verhältnisse bei dieser Schaltung findet sich in einem Aufsatz in der ETZ. 1912, S. 421 ff., von ihrem Erfinder Schenkel verfaßt.

Der Motor mit doppeltem Bürstensatz hat den Vorzug, daß man mit ihm stabiles Verhalten im ganzen Regelbereich und günstigen Leistungsfaktor im oberen Drehzahlbereich erzielen kann, während beim Motor mit einfachem Bürstensatz nur das eine oder das andere zu erreichen ist. Im übrigen ist sein Verhalten dem des Motors mit einfachem Bürstensatz ziemlich gleichartig.

Bei den Nebenschlußmotoren werden sowohl der Ständer- wie der Läuferwicklung für sich bestimmte äußere Spannungen aufgedrückt. Diesen Spannungen müssen wiederum die induzierten Spannungen das Gleichgewicht halten. Die Größe des Drehflusses ist durch die der Primärwicklung, welche ständig die Netzfrequenz führt, aufgedrückte Spannung bei jedem Betriebszustand eindeutig bestimmt. Der Gleichgewichtszustand für die Sekundärwicklung ist dann vorhanden, wenn die durch ihre Relativgeschwindigkeit gegenüber dem Drehfluß in ihr induzierte Spannung der aufgedrückten Spannung gleich ist. Bei gegebener Größe des Drehflusses, also der Spannung an der Primärwicklung, ist somit die Geschwindigkeit des Motors durch die aufgedrückte Sekundärspannung festgelegt. Daher lassen sich bestimmte Drehzahlen bei Leerlauf einregeln, die sich bei Belastung unter dem Einfluß der Spannungsabfälle infolge der Verluste und der Streuung nur wenig vermindern. Die Regelung der Sekundärspannung hat die größere Bedeutung, doch kann daneben auch die Regelung der Flußstärke mit Hilfe der Primärspannung angewendet werden.

Beim Nebenschlußmotor mit veränderlicher Läuferfrequenz von Winter und Eichberg, Fig. 4, ist die Spannung und Frequenz der Läuferleiter bei synchronem Laufe Null, weil diese dann keine Kraftlinien schneiden; die Bürsten könnten daher bei dieser Geschwindigkeit kurzgeschlossen werden. Drückt man den Bürsten Spannungen von verschiedener Größe und verschiedenem Vorzeichen auf, so muß der Läufer zur Bildung der erforderlichen Gegenspannungen um bestimmte Beträge positiv oder negativ gegen das Drehfeld schlüpfen, also über- oder untersynchron laufen. Durch Regelung der dem Läufer zugeführten Spannung kann demnach die Geschwindigkeit der Maschine eingestellt werden. Hierzu wird entweder ein Regeltransformator verwandt, wie in Fig. 4 gezeigt, oder der Ständer erhält Anzapfwicklungen, mit Hilfe deren die Transformation des Läuferstroms innerhalb der Maschine selbst vor sich geht. Durch besondere Schaltungen der Transformator- oder Ständerspulen läßt sich Phasenkompensierung erreichen; in Zusammenhang damit schließt man die Bürsten auch bei synchronem Lauf tatsächlich nicht kurz, sondern führt ihnen eine Spannung von bestimmter Phasenstellung zu. Eingehender sind diese Verhältnisse in dem Aufsatz von F. Eichberg, ETZ. 1910, S. 749 ff. behandelt.

Beim Nebenschlußmotor mit veränderlicher Ständerfrequenz, Fig. 5, dessen Schaltung von Rüdenberg und später unabhängig davon vom Verfasser gefunden wurde, bildet die Läuferwicklung die Primärwicklung und führt ständig die Netzfrequenz. Die

Ständerspulen sind zwischen zwei Sätze von beweglichen Bürsten geschaltet. Bei synchronem Lauf ist die Geschwindigkeit des Drehflusses auf dem Läufer ebenso groß wie die Geschwindigkeit des Läufers selbst, aber ihr entgegengesetzt; der Drehfluß steht daher im Raume still, die Ständerspulen schneiden keine Kraftlinien, haben also die Spannung und Frequenz Null und können daher kurzgeschlossen werden. Bei diesem Zustand stehen die Bürsten jeder Phase auf dem Kommutator in Deckung. Durch Verschieben der beiden Bürstensätze auf dem Kommutator kann man den Ständerspulen Spannungen von beliebiger Größe, beliebiger Richtung und beliebiger Phasenstellung aufdrücken, zu deren Ausbalancierung bestimmte Relativgeschwindigkeiten zwischen Ständerspulen und Drehfluß notwendig werden; der Motor wird dementsprechend über- oder untersynchron laufen. Durch geeignete Verschiebung beider Bürstensätze in der gleichen Richtung ist auch Phasenkompensierung möglich. Dieser Motor erhält entweder einen vorgeschalteten Transformator oder statt dessen zwei Wicklungen auf dem Läufer, von denen die eine durch die Schleifringe mit dem Netz verbunden ist, während die andere dem Kommutator die Niederspannung zuführt; bei der zuletzt erwähnten Anordnung erfolgt also die Transformation in der Maschine selbst, die dafür aber größer im Durchmesser und entsprechend teurer wird. Übrigens braucht die Phasenzahl der Ständerwicklung nicht notwendig mit der des Netzes übereinzustimmen; sie kann beispielsweise, wenn sich dadurch konstruktive Vorteile ergeben, höher gewählt werden.

In Zusammenhang mit den Drehstrom-Kommutatormotoren verdient noch der Doppelrepulsionsmotor der Brown Boveri & Cie. A.-G. Erwähnung, der, wenn auch nicht nach seiner Wirkungsweise, so doch nach seinen Betriebseigenschaften den Drehstrom-Reihenschlußmotoren mit Bürstenverschiebung an die Seite zu stellen ist. Diese Maschine besteht aus zwei Déri-Repulsionsmotoren, die nach Angabe von Schnetzler wie zwei Scott-Transformatoren zusammengeschaltet werden. Der Doppelrepulsionsmotor bietet den Vorteil, daß er ohne Umschaltung umgesteuert und als Hochspannungsmaschine ohne Transformator gebaut werden kann, ist aber als Doppelmaschine teurer als der einfache Drehstromreihenschlußmotor mit Transformator. In den Fällen, wo die benötigten Leistungen nicht mehr mit einem einfachen Reihenschlußmotor erreichbar sind, werden der Doppelreihenschlußmotor mit Transformator und der Doppelrepulsionsmotor etwa gleich teuer werden, da die Kosten des Transformators ungefähr durch den Mehraufwand für die weniger ausnutzbaren Einphasen-Motoren aufgewogen werden dürften.

Ferner lassen sich die Drehstromregelsätze, die sich durch Anschluß einer Kommutatormaschine an den Läufer eines Asynchronmotors ergeben, in mancher Beziehung in das Gebiet der Drehstrom-Kommutatormotoren einbegreifen. Die Eigenart der Regelsätze bringt es mit sich, daß bei ihnen die Kommutatormaschine nur für einen Teil der Gesamtleistung bemessen zu werden braucht, welcher der größten prozentualen Drehzahlverminderung im Betrieb von der Synchrondrehzahl des Asynchronmotors ab gerechnet entspricht. Die Regelsätze lassen sich daher mit Vorteil für geringen Regelbereich bei großen Leistungen bauen, sind aber für Betriebe mit häufigen Stillständen oder Umsteuerung nicht geeignet und für kleine Leistungen nicht einfach genug.

Auf die Doppelrepulsionsmotoren und die verschiedenen Arten der Regelsätze und der bei ihnen verwandten Kommutatormaschinen näher einzugehen, würde über den Rahmen der Arbeit hinausführen; eine Übersicht hierüber gibt der Aufsatz von G. Meyer in EKB. 1911, Seite 421 und folgende.

Ausführbarkeitsgrenzen, Wirkungsgrade und Kosten der Drehstrom-Kommutatormotoren.

Die Hauptschwierigkeit für den Bau von Drehstrom- und Wechselstrommaschinen mit Kommutatoren bilden bekanntlich die Kurzschlußströme in den kommutierenden Läuferspulen. Bei Stillstand entstehen dieselben ausschließlich durch die vom Drehfluß oder Wechselfluß transformatorisch induzierte Spannung E_t, deren Größe von der Kraftlinienzahl des Flusses und der Frequenz seiner Schwingungen in den Läuferwindungen abhängt. Der Spannung E_t wird das Gleichgewicht gehalten durch die Übergangsspannungen an den beiden Übergangsstellen zwischen Kommutatorlamellen und Bürste $E_ü$ und die vom Kurzschlußstrom J_k erzeugte Stromdurchgangsspannung (Ohmsche Spannung) in der Bürste und den Windungen:

$$E_t = E_ü + J_k \cdot w. \qquad 1)$$

Die Größe von $E_ü$ ist von J_k nicht ganz unabhängig, aber im wesentlichen durch die Kohlensorte bestimmt.

Zur Beschränkung der Kurzschlußströme hat man also die Differenz $E_t—E_ü$ möglichst gering zu halten. Da $E_ü$ nicht beliebig gesteigert werden kann, wird die Begrenzung der transformatorischen Spannung E_t einer der wichtigsten Gesichtspunkte für den Entwurf der Maschinen.

Die Größe der transformatorischen Spannung in den kurz geschlossenen Spulen errechnet sich nach der bekannten Formel:

$$E_t = 4{,}44 \cdot \Phi \cdot \sim_{\text{Läufer}} \cdot z \cdot 10^{-8}. \qquad 2)$$

Hierin bedeutet Φ den Kraftfluß, $\sim_{\text{Läufer}}$ die Frequenz in den Läuferwindungen und z die Zahl der durch die Bürsten kurzgeschlossenen Windungen.

Bei den Kommutatormotoren nach Fig. 1—4 nimmt die Spannung E_t beim Anlauf ab, weil die Frequenz in den Leitern des Läufers sinkt, wird bei synchroner Geschwindigkeit Null, und steigt im übersynchronen Bereich wieder an. Beim Motor nach Fig. 5 bleibt E_t bei allen Drehzahlen gleich.

Bei allen Motoren nimmt bei höheren Geschwindigkeiten und größeren Belastungen die von Gleichstrommaschinen her bekannte Stromwendespannung E_w in steigendem Maße Anteil an der Erzeugung der Kurzschlußströme; an Stelle der Spannung E_t in Formel 1) ist dann die aus E_t und E_w resultierende Spannung einzusetzen. Trotzdem wird bei den Motoren nach Fig. 1—4 der Kurzschlußstrom bei Stillstand im allgemeinen am größten.

Bei Motoren, die nicht durch Bürstenverschiebung geregelt werden, und deren Wendezonen daher immer an denselben Stellen des Ständerumfangs liegen, ist es bei höheren Geschwindigkeiten möglich, die transformatorische Spannung oder auch die aus transformatorischer Spannung und Stromwendespannung zusammengesetzte Spannung durch Wendepole zu kompensieren. Die Wirksamkeit dieser Maßregel beruht auf der Bewegung der Leiter des Läufers durch die Kraftlinien der Wendepole, versagt also bei Stillstand der Maschine. Mittel zur Kompensation der transformatorischen Spannung bei Stillstand sind nicht bekannt.

Gleichung 2 zeigt die Maßnahmen, die anzuwenden sind, um den Wert E_t innerhalb der nach der Erfahrung für die kurze Anlaufzeit und für den Dauerbetrieb zulässigen Grenzen zu halten: Anordnung nur einer Windung zwischen je zwei Kommutatorlamellen, Wahl schmaler Bürsten und Beschränkung des Kraftflusses.

Die Begrenzung der Spannung von Lamelle zu Lamelle führt, da die Lamellenzahl durch konstruktive Rücksichten begrenzt ist, zu geringen Gesamtspannungen; infolgedessen sind die gebräuchlichen Verteilungsspannungen nicht zur Speisung der Läufer von Drehstrom- und Wechselstrom-Kommutatormotoren geeignet und müssen stets transformatorisch herabgesetzt werden; wegen der hohen Stromstärken werden große Kommutatoren mit zahlreichen Bürsten notwendig.

Diese Schwierigkeiten äußern sich nachteilig nach drei Richtungen:

1. Die mit Drehstrom- und Wechselstrom-Kommutatormotoren erreichbaren Leistungen sind beschränkt, weil der Kraftfluß für einen Pol nicht über bestimmte Höchstwerte gesteigert werden kann.

2. Die erreichbaren Wirkungsgrade sind wegen der großen Bürstenreibung wesentlich niedriger als bei regelbaren Gleichstrommotoren.

3. Durch die großen Kommutatoren und die starke Bürstenbesetzung werden die Drehstrom- und Wechselstrom-Kommutatormotoren erheblich teurer als Asynchronmotoren und Gleichstrommotoren.

Die Ausführbarkeitsgrenzen für die Drehstrom-Kommutatormotoren ergeben sich aus folgender Überlegung:

Die Leistung eines Motors ist proportional dem Produkt aus der Tangentialkraft zwischen Ständer und Läufer und der Umfangsgeschwindigkeit des Läufers:

$$L = C_l \cdot P_{tang} \cdot v \tag{3}$$

Mit Rücksicht auf die mechanischen Beanspruchungen läßt sich v bei Kommutatormaschinen nur bis zu einer gewissen Grenze steigern, die weniger hoch liegt als bei Synchron- oder Asynchronmaschinen. Die Tangentialkraft P_{tang} ist proportional dem Produkt aus Kraftfluß eines Poles und Ampere-Stabzahl für 1 cm des Ankerumfangs, multipliziert mit der Polzahl 2 p.

$$P_{tang} = C_2 \cdot \Phi \cdot AS \cdot 2\,p \tag{4}$$

Der Kraftfluß ist beschränkt mit Rücksicht auf E_t. Die einzige Größe, mit Hilfe deren man die Leistung beliebig hoch treiben könnte, ist somit der Strombelag auf der Längeneinheit des Umfangs. Zur Erzwingung möglichst hoher Leistungen hat man demnach in Pole von gegebener Kraftlinienzahl, der ein bestimmter Eisenquerschnitt entspricht, eine möglichst große Kupfermenge einzubauen und entsprechend große Kommutatoren daranzusetzen. Offenbar muß man bei diesem Verfahren bald zu einer Grenze kommen, technisch, weil bei Zunahme des Strombelages die Stromwendespannungen zunehmen, wirtschaftlich, weil die Kosten der Maschinen durch Erhöhung der Kupfermengen stark anwachsen.

Empirisch ergibt sich, daß bei Drehstrom-Kommutatormotoren für 50 Perioden für ein Polpaar im allgemeinen eine Dauerleistung von etwa 50 PS erreichbar ist, wenn es sich um Betriebe mit geringem Anlaufdrehmoment, geringen Überlastungen und mäßig großem Regelbereich handelt; bei schwierigen Verhältnissen sind nur etwa 35 PS Dauerleistung erreichbar.

Die höchste Dauerleistung der Drehstrom-Kommutatormotoren wird je nach der Art und den Entwurfsgrundsätzen bei verschieden hohen Drehzahlen zu erzielen sein, im Durchschnitt etwa bei dem Wert $4/3 \cdot n_{synchr}$. Oberhalb dieser Drehzahl wird im allgemeinen die Stromwendespannung die Belastungsfähigkeit vermindern. Bezeichnet man den Wert $4/3 \cdot n_{synchr}$ mit n_{max}, so wird die Polpaarzahl

$$p = \frac{60 \cdot \sim}{n_{synchr}} = \frac{60 \cdot \sim}{3/4 \cdot n_{max}} \tag{5}$$

Für die Frequenz 50 wird also

$$p = \frac{4000}{n_{max}} \tag{6}$$

Die erreichbaren Leistungen sind dann in PS

$$L = p \cdot 50 = \frac{200000}{n_{max}} \tag{7}$$

für leichte Betriebe mit beschränktem Regelbereich,

$$L = p \cdot 35 = \frac{140000}{n_{max}} \tag{8}$$

für schwere Betriebe, worin

$$n_{max} = \frac{4000}{\text{eine ganze Zahl}}$$

einzusetzen ist.

Bei 25-Perioden-Motoren kann der Kraftfluß, wenn man gleich hohe transformatorische Funkenspannung zuläßt, doppelt so hoch gewählt werden, somit bei gleichen Entwurfsannahmen die doppelte Leistung für jedes Polpaar erhalten werden; dafür sinkt aber bei gleicher Drehzahl die Polpaarzahl auf die Hälfte von der der 50-Perioden-Motoren. — Somit sind die erreichbaren Leistungen im wesentlichen unabhängig von der Frequenz.

In ihrem Verhalten sind jedoch die Motoren für niedrige Periodenzahlen günstiger als die für hohe Periodenzahlen. Geht man z. B. von einem 50-Periodenmodell zu einem 25-Periodenmodell über, unter Beibehaltung von Leistung, Drehzahl, Ankerdurchmesser und -Länge, Kommutatordurchmesser und größtmöglicher Lamellenzahl, so wird die Polfläche und damit der Kraftfluß für einen Pol verdoppelt, die Polzahl auf die Hälfte verringert. Die Spannung einer Läuferwindung bleibt die gleiche; die Zahl der in Reihe geschalteten Läuferwindungen und damit die Gesamtspannung des Läufers steigt auf das Doppelte. Der Läuferstrom sinkt daher auf den halben Wert, damit auch die notwendige Bürstenfläche; die Zahl der Bürstenbolzen wird aber gleichzeitig halb so groß, die Längen der Bürstenbolzen und des Kommutators bleiben somit wie zuvor[1]). Die Reibungs- und Stromübergangsverluste am Kommutator vermindern sich auf die Hälfte; die Kupferverluste werden ein wenig höher wegen der größeren Wickelungsausladung, die Eisenverluste trotz der größeren radialen Tiefe des Läuferkerns und des Ständerjoches kleiner infolge der niedrigeren Frequenz. Im

[1]) Ausgenommen hiervon sind diejenigen Fälle, in denen bei der Frequenz 50 die Kommutatoren zur Erzielung einer großen Abkühlungsfläche länger ausgeführt werden müssen, als zur Unterbringung der Bürstenfläche notwendig wäre; in diesen ist bei Übergang zur Frequenz 25 wegen der Abnahme der Verluste eine Verkürzung möglich.

ganzen überwiegen die Ersparnisse an Verlusten, und der Wirkungsgrad der Motoren mit niedriger Frequenz wird also besser. Der Preis der Motoren ändert sich mit der Frequenz nicht wesentlich; bei niedrigen Frequenzen ist zwar mehr Materialaufwand notwendig, bei höheren Frequenzen wird dafür aber die Zahl der Bürsten und Bürstenbolzen größer und außerdem sind mehr Einzelbestandteile (Spulen usw.) herzustellen. Hingegen wird der Preis der zugehörigen Transformatoren bei niedrigen Frequenzen höher.

Innerhalb gewisser Grenzen bleibt die Möglichkeit, die vorstehend angegebenen Leistungen durch besondere Maßnahmen zu überschreiten, wenn die Umstände es erfordern und die Erhöhung der Kosten kein Hindernis bildet. Das wichtigste Hilfsmittel hierzu ist die Feldschwächung beim Anlauf. Sorgt man z. B. dafür, daß während des ganzen Anlaufes das Produkt aus Kraftfluß und Frequenz in den kurzgeschlossenen Windungen niemals mehr als halb so groß wird, wie das Produkt aus dem normalen Kraftfluß und der Netzfrequenz, welches die Größe der Spannung E_t beim Anspringen ohne Feldschwächung bestimmen würde, so läßt sich der normale Kraftfluß doppelt so groß wie sonst wählen, also offenbar die Typenleistung verdoppeln. Zur Erzielung der notwendigen Drehmomente beim Anlauf müssen dann allerdings sehr große Stromstärken zugelassen werden, so daß die Bürsten vorübergehend überlastet werden. Beim Entwurf von Einphasen-Lokomotivmotoren ist man bekanntlich auf dieses Hilfsmittel angewiesen, weil man sonst die geforderten Leistungen bei den beschränkten Raumverhältnissen nicht unterbringen könnte. Bei Drehstrom-Kommutatormotoren ist gleichfalls Feldschwächung durch Spannungsregelung möglich; bei Reihenschlußmotoren mit Bürstensteuerung, die beim Anspringen nur schwach belastet sind (z. B. bei Ventilatorantrieben), ergibt sich der Anlauf mit geschwächtem Feld von selbst, wenn die Bürsten genügend langsam verstellt werden, da bei geringer Auslegung der Bürsten zur Ausbalancierung der Netzspannung wenig mehr als die Hälfte des normalen Kraftflusses bei synchronem Lauf erforderlich ist (vergl. die Diagramme im Aufsatz „Über einige Eigenschaften des Drehstromserienmotors“ von Rüdenberg, ETZ. 1910, S. 1181).

Der Drehstrom-Nebenschlußmotor mit Bürstenregelung, Schaltung nach Bild 5, nimmt unter den Kommutatormotoren insofern eine Sonderstellung ein, als seine Läuferleiter ständig die Netzfrequenz führen, gleichgültig mit welcher Drehzahl der Motor läuft. Die Kommutatorspannung muß daher bei dieser Maschinenart noch niedriger gewählt werden als bei den übrigen, was die Ausführbarkeitsgrenze weiter herabsetzt.

Die Ursachen für die verhältnismäßig niedrigen Wirkungsgrade der Drehstrom-Kommutatormotoren gehen aus vorstehendem ohne weiteres hervor; zu den auch bei anderen Motorenarten auftretenden Verlusten kommen bei ihnen hinzu in erster Linie die hohe Bürstenreibung, bedingt durch die zur Überleitung der großen Stromstärken erforderliche Bürstenzahl und auch durch die hohe Reibungsziffer der harten Kohlensorten, ferner der große Stromübergangsverlust infolge der hohen Bürstenübergangsspannung, die im Interesse der Beschränkung der Kurzschlußströme vorhanden sein muß, und endlich die Stromwärmeverluste durch die Kurzschlußströme, wenngleich diese Ströme bei manchen Betriebszuständen an der Bildung des Drehmoments mitwirken und daher teilweise nutzbar werden. Diese zusätzlichen Verluste der Kommutatormotoren werden offenbar um so größer, je niedriger die Spannung E_t gehalten werden muß; daher lassen sich Motoren für leichte Betriebe und geringen Regelbereich mit höherem Wirkungsgrad bauen als Motoren für schwere Betriebe und großen Regelbereich. Der Nebenschlußmotor mit Bürstenregelung hat in dieser Hinsicht die ungünstigsten Verhältnisse.

Unter den verschiedenen Motorenarten nach Fig. 1—5 ergeben sich noch gewisse Abstufungen im Wirkungsgrad, je nachdem Bürstenverschiebung verwandt wird oder nicht; bei den Motoren mit Bürstenverschiebung treten infolge der Ausbildung von Oberfeldern bei manchen Bürstenstellungen zusätzliche Eisenverluste auf, die den durchschnittlichen Wirkungsgrad etwas herabdrücken, während sich bei Motoren mit feststehenden Bürsten durch zweckmäßige Anordnung der Ständerwicklung die Oberfelder stark beschränken lassen.

Zur Kennzeichnung der Einflüsse, welche bestimmend für die Kosten der Drehstrom-Kommutatormotoren sind, mag folgendes dienen.

Der Preis eines Gleichstrommotors ist im allgemeinen nur wenig von dem eines Drehstrom-Asynchronmotors verschieden; der Ständer des Gleichstrommotors ist billiger als der des Asynchronmotors, umgekehrt der Läufer des Asynchronmotors mit Schleifringen und Bürstenapparat billiger als der des Gleichstrommotors mit Kommutator und Bürstenapparat, was sich einigermaßen ausgleicht. Der Drehstrom-Kommutatormotor erhält gewissermaßen von beiden Maschinen die teureren Bestandteile. Dazu kommt, daß die Kommutatorabmessungen, die Zahl der Bürsten und der zugehörigen Konstruktionsteile ein Mehrfaches der entsprechenden Werte bei Gleichstrommaschinen ausmachen. Weiter beeinflussen die großen Kommutatoren die Bauart und Baulänge der ganzen Maschine, und damit die Aufwendungen für die Wellen und Grundplatten oder Lagerschilder. Ferner fällt ins Gewicht, daß die Maschinen mit viel aktivem Kupfer zu bauen sind, namentlich die größeren Modelle, was einerseits unmittelbar die Materialkosten berührt und mittelbar noch vielfach auf die gesamten Kosten deshalb einwirkt, weil kupferreiche Maschinen größere Durchmesser erfordern als kupferarme. Das Ergebnis dieser preissteigernden Einflüsse ist natürlich ohne umfangreiches Erfahrungsmaterial nicht genau zu übersehen; doch wird schätzungsweise angenommen werden können, daß der Preis der günstigeren Drehstrom-Kommutatormotoren für leichte Betriebe mit geringem Regelbereich ohne Zubehör etwa das 1,6fache, für schwere Betriebe etwa das 1,8fache von dem der Asynchronmotoren von gleichem Drehmoment beträgt. Bei Typen, für die man genügend großen Absatz zur Normalisierung der Fabrikation findet, mögen sich diese Zahlen auf vielleicht 1,3 und 1,5 vermindern lassen.

Hinzu kommen noch Aufwendungen für die Transformation des Läuferstroms auf Niederspannung, die für jede Maschine einzeln vorgenommen werden muß, weil die Kosten für die Leitungen und Schaltapparate wegen der hohen Stromstärken sonst zu groß würden. Reihenschlußmotoren bedürfen stets eines besonderen Transformators. Bei Nebenschlußmotoren kann die Transformation, wie bereits erwähnt, auch in den Maschinen selbst vorgenommen werden, bei dem Motor nach Fig. 4 durch Anordnung einer Anzapfwicklung auf dem Ständer, bei dem Motor nach Fig. 5 durch Anordnung zweier getrennter Wicklungen auf dem Läufer; da aber die Motoren selbst bei Einbau dieser Transformationswicklungen größer im Durchmesser und erheblich teurer werden, so ermöglichen sie gegenüber den Maschinen mit besonderen Transformatoren keine wesentlichen Ersparnisse.

Bei den Motoren mit Spannungsregelung werden weiter noch Stufenschalter oder Doppeldrehtransformatoren erforderlich, die den Gesamtpreis stark beeinflussen. Die Stufenschalter haben jede Spannungsstufe dreiphasig zu schalten; zum Schalten ohne Stromunterbrechung sind Drosselspulen oder Überschaltwiderstände notwendig, die zu schaltenden Stromstärken sind sehr hoch; die notwendigen Apparate werden also selbst bei geringer Stufenzahl sehr groß und verursachen erhebliche Kosten. Die Doppeldrehtransformatoren gestatten stetige Regelung ohne Zwischenstufen, werden aber noch viel kostspieliger. Bei der ferner noch möglichen Kombination von Stufenschaltern mit Drehtransformatoren zur Überbrückung des Bereichs von einer Stufe bis zur anderen dürften die Kosten etwa in der Mitte zwischen den beiden Anordnungen liegen.

Die Motoren mit Bürstenregelung haben den Vorzug, daß sie keiner besonderen Apparate zum Anlassen und Regeln bedürfen.

Ein beachtenswerter Unterschied besteht zwischen regelbaren Drehstrommotoren und Gleichstrommotoren bezüglich der Typengröße je nach dem Belastungsverlauf im Regelbereich. Bekanntlich ist das erreichbare Drehmoment jeder elektrischen Maschine in erster Annäherung unabhängig von der Drehzahl, so daß die erreichbare Leistung proportional mit der Drehzahl steigt. Gleichbleibendes Drehmoment im Regelbereich deckt sich also mit der natürlichen Ausnutzungsfähigkeit der Maschinenmodelle. Die technische Voraussetzung hierfür bildet jedoch, daß die Maschinen im ganzen Regelbereich magnetisch annähernd voll beansprucht bleiben, was bei regelbaren Drehstrommotoren im allgemeinen der Fall ist, bei regelbaren Gleichstrommotoren aber nur, wenn sie durch Änderung der Läuferspannung geregelt werden, also bei Anschluß an Steuerdynamos oder Mehrleitersysteme. Bei Gleichstrommotoren für Anschluß an Netze gleichbleibender Spannung, denen die größere Bedeutung zukommt, sinkt infolge der Schwächung des Kraftflusses das erreichbare Drehmoment mit zunehmender Drehzahl; die erreichbare Leistung steigt nicht an, sondern bleibt im ganzen Regelbereich gleich. Hat ein solcher Gleichstrommotor eine Maschine anzutreiben, die gleichbleibendes Drehmoment im Regelbereich 1 : x erfordert, so ist er für das verlangte Drehmoment bei höchster Drehzahl, bei welcher der Kraftfluß $\frac{1}{x}$ des vollen Wertes beträgt, auszuwählen; das gewählte Modell würde dann bei voller magnetischer Ausnutzung ein Drehmoment ausüben können, das x mal so groß ist wie das benötigte Drehmoment; für Gleichstrommotoren mit Kraftflußschwächung sind also, wenn gleichbleibendes Drehmoment im Regelbereich gefordert ist, größere Modelle notwendig als für regelbare Drehstrommotoren. — Ist hingegen gleichbleibende Leistung im Regelbereich verlangt, so sind regelbare Drehstrom- und Gleichstrommotoren hinsichtlich der Modellgröße gleich gestellt.

Vergleichende Bewertung der verschiedenen Arten der Drehstrom-Kommutatormotoren untereinander.

Für die vergleichende Bewertung der vier Hauptarten — Reihenschlußmotor mit Spannungsregelung und Bürstenregelung, Nebenschlußmotor mit Spannungsregelung und Bürstenregelung — untereinander sind Preis, Energieverbrauch und technisches Verhalten die wesentlichsten Vergleichspunkte.

Das Verhältnis der Preise wird sich für Motoren kleiner bis mittlerer Leistungen, bei höheren Drehzahlen und größerem Regelbereich schätzungsweise, wenn man den Preis des Reihenschlußmotors mit Transformator gleich 1,0 setzt, wie folgt stellen:

	Motor mit Transformator oder Transformationswicklung, ohne Regelvorrichtung	mit Regelvorrichtung
Reihenschlußmotor mit Spannungsregelung,		
mit Stufenschaltung	1,0	1,2
mit Drehtransformator	1,0	1,45
Reihenschlußmotor mit Bürstenregelung . . .	1,0	1,0
Nebenschlußmotor mit Spannungsregelung,		
mit Stufenschaltung	1,0	1,2
mit Drehtransformator	1,0	1,45
Nebenschlußmotor mit Bürstenregelung . . .	1,25	1,25

Im Wirkungsgrad sind die Motoren mit festen Bürsten und Stufenschaltern am günstigsten, dann folgen die Reihenschlußmotoren mit Bürstenregelung und schließlich mit einigem Abstand die Motoren mit Drehtransformatoren und der Nebenschlußmotor mit Bürstenregelung.

In bezug auf Regelbarkeit und Betriebssicherheit sind die Motoren mit Bürstenregelung und die Motoren mit Drehtransformatoren die höchstwertigen, weil sie beliebig feinstufige Regelung ermöglichen und dadurch die größte Ausnutzung der Arbeitsmaschinen ergeben, und weil bei ihnen der ohnedies vorhandene Kommutator die Funktion der bei den anderen Motorenarten notwendigen Regelkontakte, die mit ihrer großen Zahl die Empfindlichkeit der Anlage erhöhen, mit übernimmt.

Hinsichtlich der Charakteristik ist über die Drehstrom-Nebenschlußmotoren wenig zu sagen; mit zunehmender Belastung sinkt die Drehzahl um einen gewissen Betrag unter den bei Leerlauf eingeregelten Wert ähnlich wie bei Gleichstrom-Nebenschlußmotoren, nur ist der Drehzahlabfall bei den Drehstrom-Nebenschlußmotoren stärker, nämlich etwa 8% der Höchstdrehzahl von Leerlauf bis Vollast bei jeder eingestellten Drehzahl.

Die Drehstrom-Reihenschlußmotoren haben bei festgehaltener Bürstenstellung und Spannung eine Charakteristik von derselben hyperbelähnlichen Form wie Gleichstrom-Reihenschlußmotoren; durch Änderung der Bürstenstellung oder Spannung erhält man Scharen derartiger Charakteristiken, auf denen überall wirtschaftlicher Betrieb möglich ist. Die Figuren 6 und 7 zeigen Kurvenscharen für Drehmoment und Leistung über Drehzahl bei verschiedenen Bürstenstellungen für Doppelbürstenmotoren der Siemens-Schuckertwerke; die Werte 1,0 entsprechen der normalen Belastung und voller Drehzahl, die zu 4/3 der Synchrondrehzahl angenommen ist. — Wie schon erwähnt, kann bei den meisten

Kommutatormotoren ungefähr bei dieser Drehzahl die höchste Dauerleistung erzielt werden; bei geringeren Geschwindigkeiten muß die Leistung vermindert werden, weil die elektrischen Verluste wegen der ungünstiger werdenden Phasenverschiebung nur langsam abnehmen,

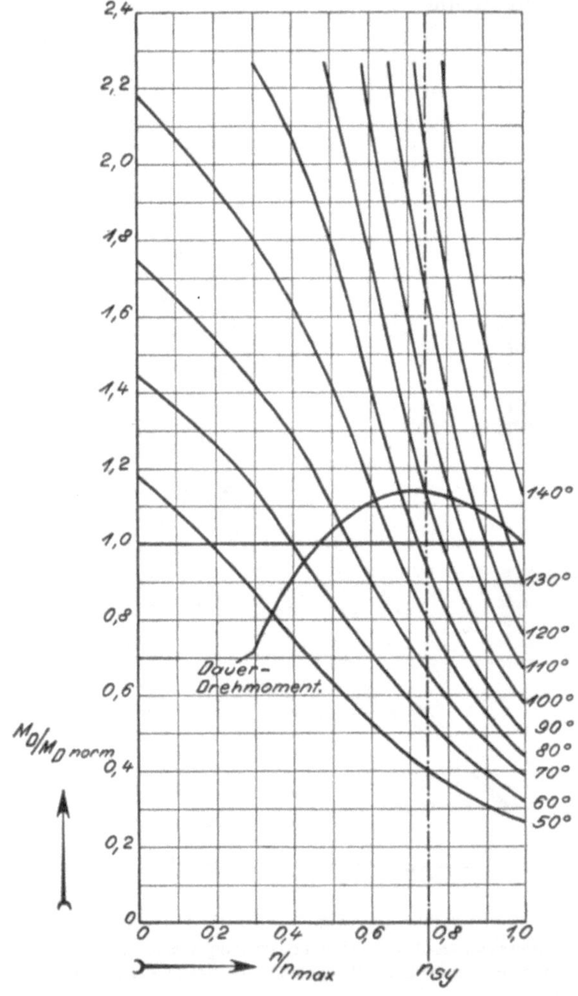

Fig. 6.
Drehstrom-Reihenschlußmotor mit Doppelbürstensatz.
Drehmoment über Drehzahl für verschiedene Bürstenstellungen.

während sich die Eigenventilation gleichzeitig verschlechtert; bei höheren Geschwindigkeiten setzt die Stromwendespannung der Belastungsfähigkeit eine Grenze. Auf Fig. 6 und 7 sind die von den Siemens-Schuckertwerken durch Versuche als zulässig festgestellten

Dauerbelastungen eingetragen. Außer den auf Fig. 6 und 7 gezeigten Charakteristiken gibt es noch weitere, die geringeren Bürstenauslegungswinkeln entsprechen; bei allen Geschwindigkeiten finden sich Bürstenstellungen für beliebige Drehmomentwerte von einem positiven bis zu einem negativen Maximum.

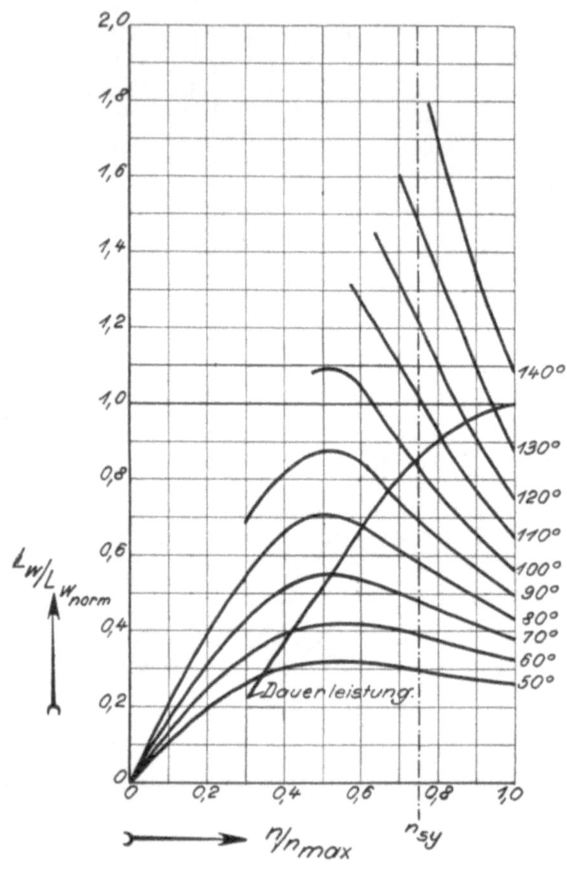

Fig. 7.
Drehstrom - Reihenschlußmotor mit Doppelbürstensatz.
Leistung über Drehzahl für verschiedene Bürstenstellungen.

Der Vergleich von Fig. 6 und 8 zeigt die Unterschiede der Charakteristiken von stabilen und instabilen Reihenschlußmotoren. Die Kurven von Fig. 8 gelten für einen instabil entworfenen Einfachbürstenmotor. Dieselben zeigen, daß das Drehmoment bei Verminderung der Drehzahl auf sehr niedrige Werte nicht mehr wächst, sondern abnimmt.

Die Einregelung bestimmter Drehzahlen ist nur möglich, solange sich ein Motor mit seiner Arbeitsmaschine im stabilen Betriebszustande befindet. Bezeichnet M_{DI} das aktive Drehmoment des Motors, M_{DII} das

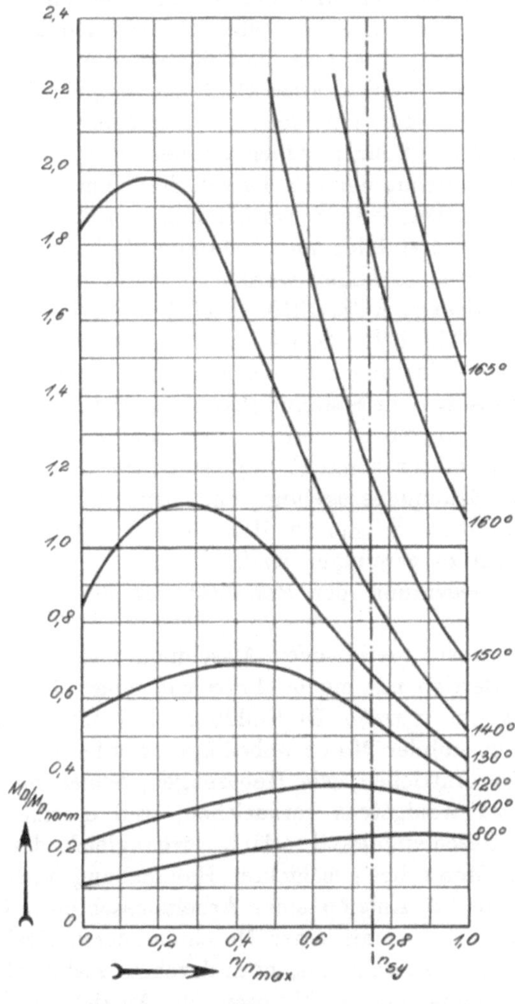

Fig. 8.

Drehstrom-Reihenschlußmotor mit Einfachbürstensatz, im unteren Drehzahlbereich instabil. Drehmoment über Drehzahl für verschiedene Bürstenstellungen.

passive Drehmoment der angetriebenen Maschine, so ist die Bedingung für den stabilen Betriebszustand:

$$\frac{d\,M_{DI}}{dn} < \frac{d\,M_{DII}}{dn} \tag{9)}$$

Trifft diese Voraussetzung nicht zu, so besteht ein labiler Betriebszustand, der bei dem geringsten Anstoß nach zwei Richtungen hin gestört werden kann. Bei einer kleinen Änderung der Netzspannung oder des Widerstandes der Arbeitsmaschine oder infolge sonst einer Zufälligkeit kann sich der Motor plötzlich beschleunigen, wobei sein Drehmoment stark zunimmt, und läuft dann bis zu einer Drehzahl im oberen meist stabilen Bereich seiner Charakteristik hinauf, bei der seine Drehmomentkurve wieder mit der der angetriebenen Maschine zum Schnitt kommt, oder er kann plötzlich abfallen, wobei sein Drehmoment schnell sinkt, und kommt dann in kurzer Zeit zum Stillstand.

Auf die Ursachen dieser Erscheinung und die Vorbedingungen für das Entstehen des stabilen und instabilen Verhaltens kann in dieser Arbeit nicht näher eingegangen werden; näheres hierüber ist den Arbeiten von Rüdenberg, ETZ. 1910, S. 1181 sowie 1911, S. 233, ferner von Schenkel, ETZ. 1912, S. 473, zu entnehmen. Es sei hier nur erwähnt, daß bei Belastung mit konstantem Moment ein Motor mit einfachem Bürstensatz ohne Spannungsregelung nur dann bis zur tiefsten Drehzahl hinab stabil gebaut werden kann, wenn man sich mit einem niedrigen Leistungsfaktor begnügt, während beim Motor mit einfachem Bürstensatz mit Spannungsregelung und beim Motor mit doppeltem Bürstensatz Stabilität im ganzen Bereich und guter Leistungsfaktor im oberen Bereich zu vereinigen sind.

Über die Bedeutung der Stabilität für die Projektierung sei bemerkt:

Bei sich selbst überlassenen Maschinen mit konstantem Drehmoment ist der Betrieb mit einem Motor von einer Charakteristik, wie sie Fig. 8 zeigt, im unteren Drehzahlbereich nicht durchführbar; es wird vielmehr ein stabiler Motor unbedingt erforderlich sein. Bei von Hand gesteuerten Antrieben, wie Hebezeugen, Schiebebühnen usw. ist ein stabiler Motor wenigstens vorzuziehen, weil er eine leichtere Beherrschung der Geschwindigkeit erlaubt, wenngleich der Betrieb mit einem instabilen Motor bei geschickter Handhabung auch möglich ist. Dagegen kann ein bei Antrieb einer Arbeitsmaschine mit konstantem Moment instabiler Motor mit einer Maschine, deren Drehmoment mit sinkender Drehzahl stark abnimmt, noch durchaus stabil arbeiten; daher steht der Verwendung solcher Motoren für Antrieb von Ventilatoren und Schleuderpumpen nichts im Wege. In manchen Fällen sind auch durch Anwendung geringer Stabilität betriebstechnische Vorteile denkbar, z. B. die Verhütung gefährlicher Überlastungen bei Betrieben, bei denen gelegentlich Abbremsung der Motoren bis zum Stillstand vorkommen kann. Diese Möglichkeit könnte bei etwaiger Verwendung von Drehstrom-Kommutatormotoren für Vorschubwerke von Löffelbaggern ausgenutzt werden.

Die Entscheidung zwischen Reihenschluß- und Nebenschlußmotoren wird in denjenigen Fällen, wo die Charakteristik wesentliche Vorbedingung für die richtige Wirkungsweise im Betrieb bildet, bei Drehstrom nach den gleichen Gesichtspunkten zu treffen sein wie bei Gleichstrom. Daneben gibt es aber Anwendungsgebiete, die gewissermaßen neutralen Boden hinsichtlich der Charakteristik bilden; hierzu gehören Ventilatoren, viele Pumpenbetriebe, überhaupt solche Arbeitsmaschinen, bei denen ohne willkürliche äußere Eingriffe oder ungewöhnliche Störungen keine erheblichen Belastungsänderungen aufzutreten pflegen. In diesen Fällen ist bei Gleichstrom die Verwendung von Nebenschlußmotoren (gegebenenfalls mit Verbundwicklung) üblich; abweichend hiervon muß für Drehstrom als Regel gelten, die Reihenschlußmotoren zu bevorzugen, weil sie — obwohl bei ihnen Sicherheitsvorrichtungen zur Verhütung des Durchgehens beim Eintreten von Störungen angewandt werden müssen — erheblich billiger und einfacher sind als Drehstrom-Nebenschlußmotoren.

Die Stetigkeit der Regelung und der geringe Verstellwiderstand bei der Bürstenverschiebung ermöglichen es, die Reihenschlußmotoren mit selbsttätig wirkenden Regelvorrichtungen zu versehen, die sie für viele Gebiete brauchbar machen, für welche Reihenschlußmotoren an sich wenig geeignet sein würden; durch solche Regelvorrichtungen werden die natürlichen Charakteristiken gewissermaßen ausgeschaltet und durch eine künstliche Charakteristik ersetzt. Beispielsweise kann durch einen Fliehkraftregler oder eine andere geeignete Tachometervorrichtung derartig auf die Bürstenstellung eingewirkt werden, daß jede Zunahme der Geschwindigkeit durch eine Verringerung der Bürstenauslegung beantwortet wird und umgekehrt; der Reihenschlußmotor erhält dadurch annähernd das Verhalten eines Nebenschlußmotors. Allerdings muß dabei eine kurzzeitige Abweichung der Geschwindigkeit vom Sollwerte unmittelbar nach der Belastungsänderung in Kauf genommen werden, weil diese Abweichung ja erst die Voraussetzung für das Ansprechen des Regelorgans bildet. Wenn die künstlichen Regelvorrichtungen so gut durchgebildet sind, daß sie ein technisch einwandfreies Arbeiten gestatten, so kommt die Entscheidung zwischen dem Nebenschlußmotor und dem Reihenschlußmotor mit künstlicher Regelung nur auf eine Kostenfrage hinaus. Nun dürfte der Preis des Nebenschlußmotors mit Zubehör immer um einen gewissen prozentualen Betrag höher als der des Reihenschlußmotors sein und daher etwa proportional mit diesem bei zunehmender Leistung wachsen — gleiche Drehzahl vorausgesetzt —, während der Preis des Regelorgans für den Reihenschlußmotor so gut wie unabhängig von der Leistung des Motors ist und daher einen konstanten Zuschlag zu dessen Kosten bedeutet; somit läßt sich der Preis des Nebenschlußmotors darstellen als Funktion

$P_R \cdot C_1$, wobei P_R den Preis des Reihenschlußmotors bedeutet, der Preis des Reihenschlußmotors mit künstlicher Regelung als Funktion $P_R + C_2$. Es ist leicht zu ersehen, daß die Kurven für beide Funktionen an einer Stelle zum Schnitt kommen müssen, und daß bei kleineren Leistungen der Nebenschlußmotor, bei größeren Leistungen der Reihenschlußmotor mit künstlicher Regelung billiger sein muß. — Weiter kann man bei Spinnmaschinenantrieb die Bürstenstellung in Abhängigkeit von dem Wickelhalbmesser des Garns auf den Spindeln bringen, und dadurch einen für die Ausbeute möglichst günstigen Geschwindigkeitsverlauf erzielen; bei Kompressorantrieb kann man die Bürstenstellung mit Hilfe eines Druckluftkolbens so beeinflussen, daß unabhängig vom Luftverbrauch stets nahezu gleiche Pressung in der Druckrohrleitung herrscht usw.

Die Drehstrom-Reihenschlußmotoren mit Bürstenregelung sind demnach unter den Drehstrom-Kommutatormotoren wohl als die am vielseitigsten anwendbaren anzusehen. Die Reihenschlußmotoren mit reiner Spannungsregelung werden wohl nur ausnahmsweise für Hebe- und Beförderungsmaschinen in Frage kommen, wo aus zwingenden Gründen Fernsteuerung verwandt werden muß. Den Drehstrom-Nebenschlußmotoren dürfte das nicht unbedeutende Gebiet der kleineren Bearbeitungsmaschinen mit Leistungen bis etwa 50 PS verbleiben.

Allgemeines über Wirkungsgrad und Leistungsfaktor der Drehstrom-Kommutatormotoren in Vergleich mit anderen elektrischen Antrieben.

Zur Beantwortung der Frage nach der Verwendbarkeit der Drehstrom-Kommutatormotoren und ihrer Wertigkeit im Vergleich mit anderen elektrischen Antriebsmaschinen sind in den nachfolgenden Abschnitten der Arbeit eine Reihe von Anwendungsgebieten untersucht. Vorweg seien noch kurz einige Bemerkungen über das Kennzeichnende in den Wirkungsgradkurven der Drehstrom-Kommutatormotoren und über das Verhalten ihres Leistungsfaktors gemacht. Hierbei sind die Wirkungsgrade der günstigeren Arten der Drehstrom-Kommutatormotoren zugrunde gelegt.

Auf Fig. 9 sind Wirkungsgradkurven in Abhängigkeit von der Leistung an der Welle L_w für einen Drehstrom Kommutatormotor, einen Asynchronmotor und einen Leonardantrieb zusammengestellt. Die Absolutwerte entsprechen ungefähr Motoren von etwa 250 PS bei 360 Umdrehungen. Die Werte für den Drehstrom-Kommutatormotor und den Asynchronmotor würden für etwa 75 PS bei 750 Umdrehungen ungefähr mit 0,98, für etwa 20 PS bei 1000 Umdrehungen ungefähr mit 0,96 zu multiplizieren sein.

Die gestrichelten Linien gelten für verändertes Drehmoment bei gleichbleibender Höchstdrehzahl, die ausgezogenen Linien für veränderte Drehzahl bei gleichbleibendem normalen Drehmoment.

Bei Verminderung der Leistung bei gleichbleibender Drehzahl sinkt der Wirkungsgrad des Kommutatormotors viel schneller als bei Verminderung der Leistung bei gleichbleibendem Drehmoment; dies hängt mit den hohen Reibungsverlusten zusammen, die bei voller Drehzahl besonders groß sind und bei geringem Drehmoment prozentual

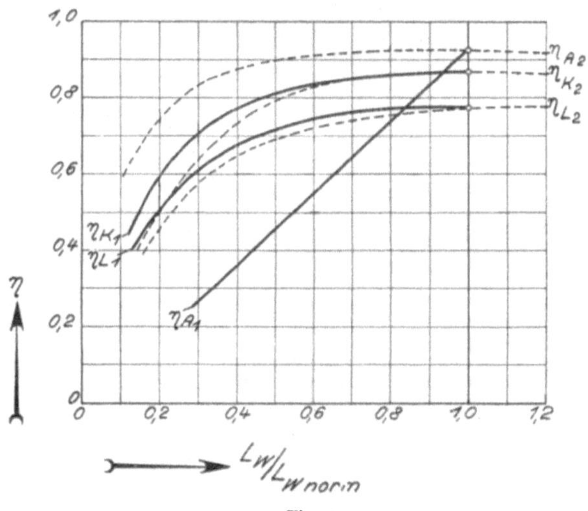

Fig. 9.

Wirkungsgrad von Drehstrom-Asynchronmotor, -Kommutatormotor und Leonard-Antrieb.

ηA_1, ηK_1, ηL_1 } Volles Drehmoment, Drehzahl veränderlich.

ηA_2, ηK_2, ηL_2 } Volle Drehzahl, Drehmoment veränderlich.

stark ins Gewicht fallen. Die Reibungs-, Stromübergangs- und Transformationsverluste zusammen sind die Ursache dafür, daß der Höchstwert des Wirkungsgrades des Kommutatormotors etwa $5\,^0/_0$ unter dem des Asynchronmotors bleibt.

Beim Asynchronmotor werden die kleinen Reibungsverluste bei Verminderung des Drehmoments naturgemäß prozentual weniger fühlbar, so daß die Wirkungsgradkurve für volle Drehzahl bei ihm viel flacher ausfällt. — Dagegen nimmt bei Verminderung der Leistung bei vollem Drehmoment der Wirkungsgrad des Asynchronmotors ungefähr proportional mit der Drehzahl ab, weil die Leistungsaufnahme bei ihm nur vom Drehmoment, nicht von der abgegebenen Leistung abhängt, sich also bei Regelung mit konstantem Drehmoment nicht ändert. Abbildung 10, auf der L_n die vom Netz entnommene Leistung, L_w die an der Welle abgegebene Leistung bedeutet, veranschaulicht diese Verhältnisse; die schraffierte Fläche entspricht der vernichteten Energie.

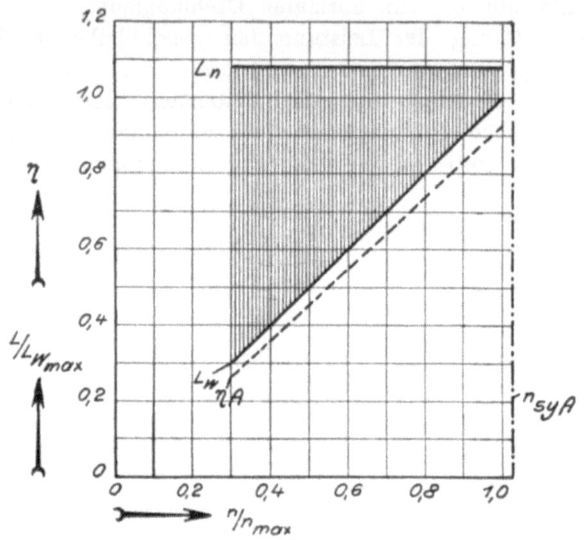

Fig. 10.
Asynchronmotor mit konstantem Moment geregelt.

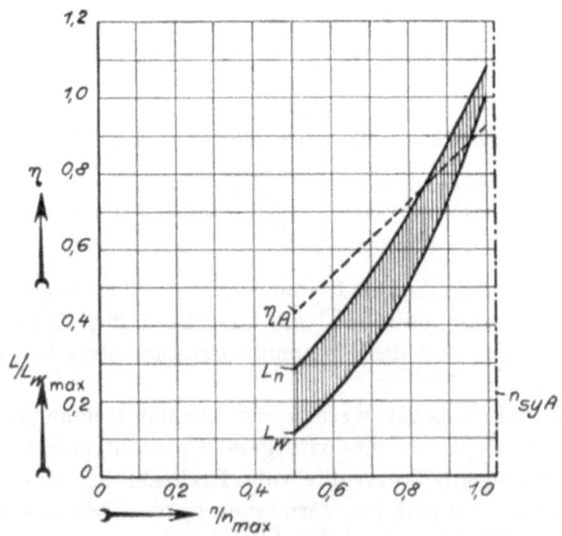

Fig. 11.
Asynchronmotor mit Ventilator-Moment geregelt.

Fig. 12 stellt den Energieverbrauch des Asynchronmotors und des Kommutatormotors bei Regelung mit konstantem Moment in Vergleich. Die senkrecht schraffierte Fläche bedeutet Minderverbrauch, die wagerecht schraffierte Fläche Mehrverbrauch des Kommutatormotors. Bei gleichmäßiger Benutzung aller Drehzahlen muß der Regelbereich offenbar

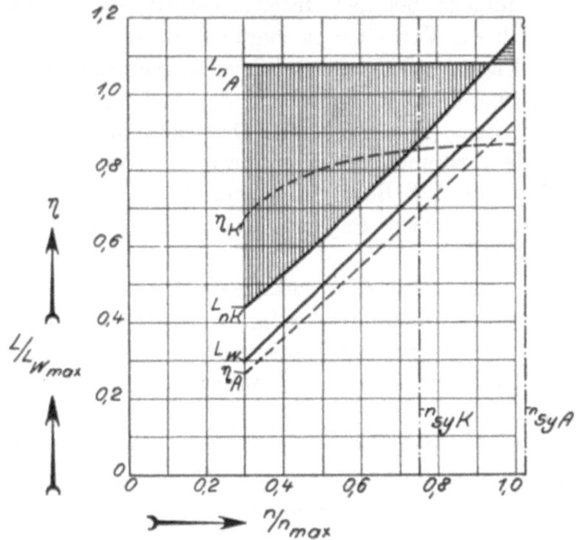

Fig. 12.
Asynchrommotor und Kommutatormotor mit konstantem Moment geregelt.

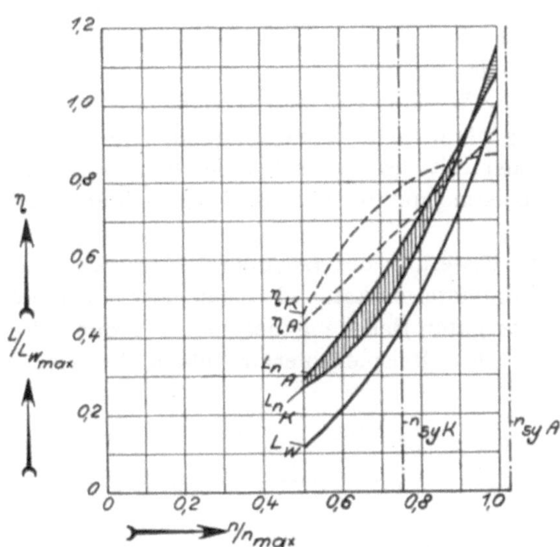

Fig. 13.
Asynchronmotor und Kommutatormotor mit Ventilator-Moment geregelt.

mindestens 12 % betragen, wenn Energieersparnisse auf seiten des Kommutatormotors auftreten sollen.

Vermindert sich bei abnehmender Drehzahl gleichzeitig auch das Drehmoment, so würden Wirkungsgradkurven gültig sein, die zwischen den ausgezogenen und punktierten Kurven von Fig. 9 liegen. Je schneller das Drehmoment bei der Drehzahlverminderung sinkt, desto mehr verschieben sich die Verhältnisse zugunsten des Asynchronmotors. Fig. 11 zeigt die Energievernichtung beim Asynchronmotor für den Fall der Regelung mit Ventilatormoment, das heißt mit einem Drehmoment, das mit dem Quadrat der Drehzahl abnimmt, Fig. 13 den Mehr- und Minderverbrauch des Kommutatormotors gegenüber dem Asynchronmotor für diesen Fall. Hier ist bereits ein Regelbereich von 18 % Voraussetzung für Energieersparnisse auf seiten des Kommutatormotors.

Der Vergleich der Wirkungsgradkurven des Kommutatormotors und Leonardantriebs, die gleichfalls häufig in Wettbewerb miteinander treten, zeigt, daß der Kommutatormotor erheblich weniger Energie verbraucht; der Verlauf ihrer Wirkungsgradkurven ist im übrigen ziemlich gleichartig (s. Fig. 9).

Ein guter Leistungsfaktor im oberen Drehzahlbereich läßt sich bei den Nebenschlußmotoren und den Doppelbürstensatz-Reihenschlußmotoren in der Regel, bei den Reihenschlußmotoren mit einfachem Bürstensatz nur unter den bei Besprechung der Stabilität erwähnten Voraussetzungen erzielen. Im allgemeinen ist der Wert 1,0 erreichbar, unter Umständen bei Wahl großer Modelle auch Voreilung der Stromphase. Es darf aber nicht übersehen werden, daß der Leistungsfaktor einerseits bei Verminderung der Drehzahl zurückgeht und bei Stillstand nur noch ungefähr 0,3 beträgt, und andererseits bei jeder Drehzahl mit sinkender Belastung abnimmt. Da die Kommutatormotoren nicht dazu bestimmt sind, immer mit ihrer höchsten Geschwindigkeit betrieben zu werden, wird der Leistungsfaktor im Betrieb vielfach erheblich niedriger als 1,0 sein.

Von einer Verbesserung des Leistungsfaktors des Netzes im Vergleich mit Asynchronmotoren kann also nur dort die Rede sein, wo Maschinen von stets guter Belastung mit mäßig großem Regelbereich zu betreiben sind. Ein Beispiel hierfür bilden Antriebe von Ringspinnmaschinen.

II. Hauptteil.

A. Durchlaufende Antriebe.

Ventilatoren.

Bei vielen Ventilatoranlagen besteht Bedürfnis nach Regelung der Luftförderung. Bei den größten und wichtigsten Ventilatoren, den Grubenventilatoren, handelt es sich darum, die Wettermenge nach den bergpolizeilichen Vorschriften im Verlaufe des Ausbaus und während des Betriebes der Gruben stets der Stärke der Belegschaft und den besonderen Verhältnissen entsprechend genügend hoch einzustellen, die benötigte Menge aber im Interesse der Energieersparnis auch nicht wesentlich zu überschreiten.

Die Wetterleistung ist proportional dem Produkt aus Luftmenge und Pressung; die Pressung ist proportional dem Quadrat der Luftmenge und umgekehrt proportional dem Quadrat der Grubenweite. Bei Regelung der Luftmenge bei einem bestimmten Ausbauzustand ist die äquivalente Grubenweite natürlich konstant, im Verlaufe des Ausbaues kann sie sich verändern. Vermehrung der Wetterwege zwischen dem Einzugs- und dem Auszugsschacht bewirkt Erhöhung der äquivalenten Grubenweite, gleichbedeutend mit einer Verminderung der zum Durchblasen einer bestimmten Luftmenge erforderlichen Pressung, Verlängerung der Wetterwege zwischen den Schächten durch Verlegung des Abbaubetriebs nach weiter abgelegenen Flötzen bewirkt das Gegenteil. Unter durchschnittlichen Verhältnissen kommen während des Ausbaus beide Faktoren zur Wirkung, so daß sich ihr Einfluß einigermaßen aufhebt. Die äquivalente Grubenweite wird deshalb in vielen Fällen auch für eine längere Ausbauperiode als konstant angenommen werden können.

Die Verhältnisse für den elektrischen Antrieb sollen nachstehend unter dieser Voraussetzung und unter der Annahme, daß die benötigte Luftmenge proportional mit der Zeit wächst, untersucht werden.

Die Einschränkung der Luftförderung kann durch Drosselung bei gleichbleibender Geschwindigkeit des Ventilators oder durch Verminderung seiner Geschwindigkeit erfolgen. Schon innerhalb des Ventilators treten dabei Unterschiede auf; der Wirkungsgrad bei Drosselregelung wird niedriger als bei Geschwindigkeitsregelung. Um die Untersuchung möglichst einfach und übersichtlich zu halten, soll dieser Umstand nicht weiter berücksichtigt und mit verlustlosen Ventilatoren gerechnet werden. Bei der Drosselregelung bleibt der vom Ventilator erzeugte Gesamtdruck, der ja nur vom Quadrat der Umlaufzahl abhängig ist, gleich hoch. Dies gilt allerdings streng genommen nur für die Zentrifugalventilatoren mit radialen Schaufeln, doch soll die Betrachtung auf diese beschränkt bleiben; die für den Vergleich der elektrischen Antriebsarten wesentlichen Folgerungen werden mit großer Annäherung auch für Ventilatoren mit gekrümmten Schaufeln gelten. Für Drosselregelung kann also für die gesamte Druckhöhe gesetzt werden, wenn mit C Konstanten bezeichnet werden:

$$h = C_1 \cdot n^2 = C_2 \qquad \textbf{10)}$$

Die erforderliche Leistung an der Welle des Ventilators in Abhängigkeit von der Luftmenge Q ist dann:

$$L_w = C_3 \cdot h \cdot Q = C_3 \cdot C_2 \cdot Q = C_4 \cdot Q \qquad \textbf{11)}$$

Von der erzeugten konstanten Druckhöhe wird durch den Schieber soviel abgedrosselt, daß noch Druckhöhe genug verbleibt, um die verlangte Luftmenge durch die Grube zu treiben.

Bei der Regelung durch Drehzahlverminderung hingegen wird nur soviel Druckhöhe erzeugt, wie notwendig ist. Die Luftmenge Q ist der Drehzahl proportional:

$$Q = C_5 \cdot n \qquad \textbf{12)}$$

Die Druckhöhe ist dem Quadrat der Drehzahl, also auch dem Quadrat der Luftmenge proportional:

$$h = C_1 \cdot n^2 = C_6 \cdot Q^2 \qquad \textbf{13)}$$

Somit ist die Leistung an der Welle

$$L_w = C_7 \cdot h \cdot Q = C_8 \cdot n^3 = C_9 \cdot Q^3 \qquad \textbf{14)}$$

Bei Antrieb durch einen durchlaufenden Motor ohne Regelung würde unter Vernachlässigung der Motorverluste die Netzleistung L_n durch Formel 11 ausgedrückt sein, bei Verwendung eines verlustlos regelbaren Motors durch Formel 14. Beim Asynchronmotor mit Widerstandsregelung hängt die Leistungsaufnahme L_n nicht von der abgegebenen Leistung L_w, sondern vom abgegebenen Drehmoment ab, also von dem Verhältnis $\frac{L_w}{n}$. Aus Formel 14 folgt dann unter Vernachlässigung der Verluste im Motor selbst:

$$L_n = C_{10} \cdot n^2 = C_{11} \cdot Q^2 \qquad \textbf{15)}$$

Formt man die drei Gleichungen 11, 14 und 15 so um, daß sie den Leistungsbedarf bezogen auf die für alle drei Fälle gleiche Höchst-

leistung zum Ausdruck bringen, so ergeben sich die Formeln:
Bei Drosselregelung:

$$L_n = L_{n_{max}} \cdot \frac{Q}{Q_{max}} \tag{16}$$

Bei Drehzahlregelung mit Schlupfwiderstand:

$$L_n = L_{n_{max}} \left(\frac{Q}{Q_{max}}\right)^2 \tag{17}$$

Bei verlustloser Drehzahlregelung:

$$L_n = L_{n_{max}} \left(\frac{Q}{Q_{max}}\right)^3 \tag{18}$$

Die Kurven für diese drei Gleichungen über Q als Abszisse aufgetragen schneiden sich im Nullpunkte und bei Q_{max}; bei Verminderung der Luftmenge gibt Formel 16 (gerade Linie) den höchsten Energieverbrauch, dann folgt Formel 17 (Parabel), dann Formel 18 (kubische Parabel).

Die Widerstandsregelung ermöglicht somit bereits wesentliche Ersparnisse gegenüber der Drosselregelung, und verursacht kaum nennenswerte Mehrkosten. Daher kommt Drosselregelung praktisch selten in Betracht. Nach der theoretischen Überlegung ließe sich erwarten, daß sich bei Übergang von der Widerstandsregelung zur verlustlosen Regelung durch Drehstrom-Kommutatormotor eine weitere erhebliche Ersparnis ergeben müßte.

Hier kommt jedoch das zur Geltung, was bereits im vorhergehenden Abschnitt allgemein über den Energieverbrauch des Asynchronmotors und Kommutatormotors gesagt worden ist; es sei wieder auf Fig. 9, 11 und 13 verwiesen. Auf Fig. 11 und 13 sind die Maschinenverluste im Gegensatz zu den vereinfachenden Formeln 16 bis 18 berücksichtigt. Unter Berücksichtigung von Formel 12 und entsprechend der erwähnten Voraussetzung, daß die benötigte Luftmenge proportional mit der Zeit wächst, so daß jede Drehzahl gleich lange benutzt wird, können auf Fig. 11 und 13 die Drehzahlabszissen auch ohne weiteres als Luftmengen- oder Zeitabszissen angesehen werden, so daß die Flächen direkt ein Maß für die in einem größeren Zeitraum verbrauchten Energiemengen werden. Wichtig ist, daß der Asynchronmotor sowohl bei den höchsten Geschwindigkeitsstufen wie auch in dem — praktisch allerdings selten benutzten — Bereich unterhalb der halben Geschwindigkeit den geringeren Energieverbrauch aufweist; in dem dazwischen liegenden Bereich, nach Fig. 13 etwa zwischen 48% und 93%, verbraucht der Kommutatormotor weniger Energie. Unter den gemachten Voraussetzungen beginnt die Energieersparnis durch den Kommutatormotor, wenn der Regelbereich mindestens 18% beträgt; damit die Energieersparnis so groß wird, daß der Mehraufwand an Anschaffungskosten verzinst und amortisiert werden kann, ist ein erheblich größerer Regelbereich notwendig.

Der Erwähnung bedarf, daß bei Ventilatorantrieben in manchen Fällen auch noch andere Lösungen anwendbar sind, die wirtschaftliche Regelung ermöglichen und billiger sind als Kommutatormotoren.

Bei Antrieb mit Riemenübertragung kann man, wenn mit Bestimmtheit zu erwarten ist, daß ein Geschwindigkeitswechsel nur selten benötigt wird, unter Umständen einen Asynchronmotor mit mehreren auswechselbaren Riemenscheiben anordnen.

Für direkt gekuppelte Motoren kommt mitunter Kupplung zweier Motoren von verschiedener Drehzahl, Polumschaltung oder Kaskadenschaltung oder auch Verwendung einer Kaskade mit polumschaltbarem Hintermotor in Betracht. Die einfache Kaskadenschaltung gestattet Einstellung zweier Hauptgeschwindigkeiten, jede etwas unterhalb einer Synchrondrehzahl liegend. Von beiden ausgehend ist Verminderung der Drehzahl durch Widerstandregelung möglich. Hierdurch läßt sich ein größerer Drehzahlbereich mit stetiger Regelung unter mäßigen Verlusten beherrschen. Bei Verwendung polumschaltbarer Haupt- oder Hintermotoren bereitet die Ausbildung von Läufern mit Schleifringen Schwierigkeiten, daher muß man sich bei diesen Anordnungen auf Regelung in Stufen beschränken; jede der einzelnen Drehzahlstufen liegt wiederum etwas unterhalb einer Synchrondrehzahl. Bei schnellaufenden Antrieben werden die Verhältnisse für diese Lösungen ungünstig, weil der Sprung von einer Stufe zur anderen sehr groß wird, zum Beispiel von 980 auf 730 Umdrehungen. Die erwähnten Anordnungen kommen daher in erster Linie für langsam laufende Antriebe mit direkter Kupplung in Betracht. Im übrigen lassen sich mit ihnen recht günstige Wirkungsgrade erzielen. Zur Veranschaulichung der Verhältnisse ist Fig. 14 entworfen für eine Kaskadengruppe von 250 PS mit polumschaltbarem Hintermotor; der Hauptmotor hat 12, der Hintermotor wahlweise 1, 2 und 4 Polpaare. Bei der höchsten Drehzahlstufe arbeitet der Hauptmotor allein, durch Hinzuschalten des Hintermotors ergeben sich drei weitere Drehzahlstufen, die bei etwa 93%, 86% und 75% der Höchstdrehzahl liegen. Zum Vergleich sind in die Abbildung wiederum die Kurven des Asynchronmotors von Fig. 11 eingezeichnet. Unter Voraussetzung gleichmäßiger Benutzung des ganzen Drehzahlbereiches läßt sich die Drehzahlabszisse von Fig. 11, wie schon erwähnt, auch als Zeitabszisse ansehen; von dieser Möglichkeit ist beim Entwurf von Fig. 14 Gebrauch gemacht, um die Energieverbrauchswerte des Asynchronmotors und der Kaskadenschaltung auf gemeinsamer Basis anschaulich vor Augen führen zu können. An sich sind die Wirkungsgrade der Kaskadenordnung mit Polzahlumschaltung bei allen vier Stufen recht hoch (zwischen 87% und 92,5%). Zu berücksichtigen ist aber, daß, sobald der Luftbedarf die Werte 75%, 86% und 93% des Höchstwertes überschreitet, sofort die nächsthöhere Stufe mit ihrem beträchtlich höheren Energieverbrauch eingestellt werden muß. Während bei gleichmäßigem Anwachsen des Luftbedarfs der Asynchronmotor jederzeit auf die dem Bedarf ent-

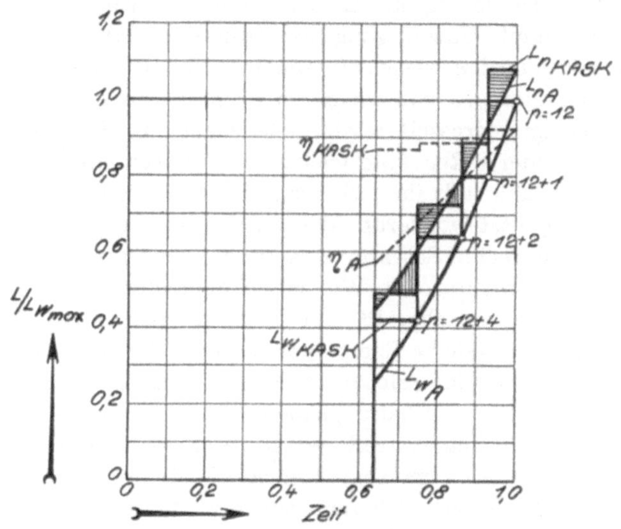

Fig. 14.
Einfacher Asynchronmotor und Asynchron-Kaskadengruppe bei Ventilatorbetrieb.

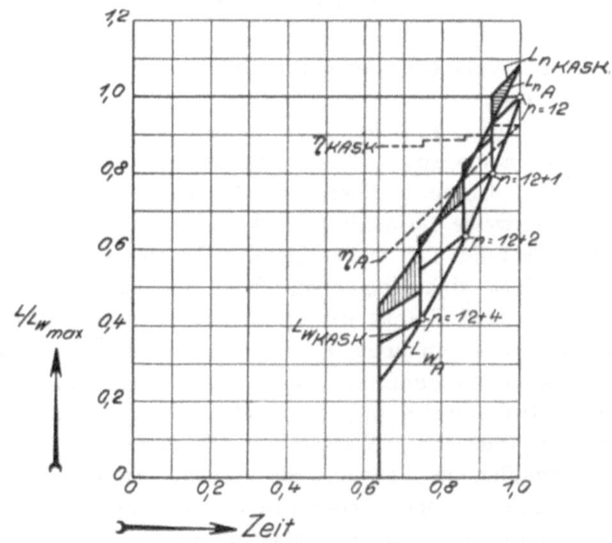

Fig. 15.
Einfacher Asynchronmotor und Asynchron-Kaskadengruppe mit Drosselregelung bei Ventilatorbetrieb.

sprechende Leistung eingestellt werden kann, muß bei der Kaskadenanordnung mit Polzahlumschaltung während langer Zeiträume Luft über den Bedarf hinaus gefördert werden. Fig. 14 zeigt, daß die Anordnung aus diesem Grunde trotz des an sich höheren Wirkungsgrades zunächst noch keine Ersparnisse ergibt. Eine nicht unwesentliche Verbesserung läßt sich aber durch Hinzufügung der Drosselregelung erreichen, die beim Motor mit nur einer Geschwindigkeitsstufe unvorteilhaft war; ihre Nachteile fallen hier, wo von mehreren Drehzahlstufen ausgehend prozentual nur wenig gedrosselt wird, nicht mehr ins Gewicht. Fig. 15 zeigt diese kombinierte Regelung wieder in Vergleich mit dem einfachen Asynchronmotor, und läßt ihre wirtschaftlichen Vorteile erkennen. Auf Fig. 14 und 15 deutet wiederum die wagerechte Schraffur den Mehrverbrauch, die senkrechte Schraffur den Minderverbrauch gegenüber dem einfachen Asynchronmotor mit Widerstandsregelung an.

Ein Vergleich von Fig. 13 und 15 zeigt, daß die während eines längeren Zeitraums mögliche Energieersparnis bei der Asynchronkaskade mit polumschaltbarem Hintermotor und beim Kommutatormotor ungefähr gleich groß ist. Die Anschaffungskosten werden bei der Kaskadengruppe bedeutend geringer, weil der Hintermotor erstens nur für die Schlupfleistung bemessen zu sein braucht, und zweitens nur in dem Drehzahlbereich zur Mitarbeit herangezogen wird, in dem der Ventilator mit verminderter Leistung arbeitet.

Die zuletzt erwähnten Anordnungen, die an sich recht zweckmäßig sein können, sind jedoch, wie erwähnt, nicht immer anwendbar. In der überwiegenden Mehrzahl der Fälle wird also der Kommutatormotor nur mit dem einfachen Asynchronmotor mit Widerstandsregelung in Wettbewerb treten.

Die Entscheidung zwischen den beiden Motoren wird sich in jedem Falle nur auf Grund einer eingehenden Wirtschaftlichkeitsberechnung treffen lassen. Hierbei ist zunächst zu prüfen, ob die äquivalente Grubenweite tatsächlich als konstant angenommen werden darf oder nicht. Erhöht sich mit steigendem Luftbedarf die äquivalente Grubenweite, ändert sich dementsprechend die Leistung mit einer höheren als der dritten Potenz der Drehzahl, so verschieben sich die Verhältnisse gegenüber den oben durchgeführten Untersuchungen mehr zugunsten des Asynchronmotors, nimmt mit steigendem Luftbedarf die äquivalente Grubenweite ab, so werden die Verhältnisse für den Kommutatormotor günstiger. Weiter ist die Benutzungsdauer der verschiedenen Drehzahlen in Betracht zu ziehen. Ferner ergeben sich große Verschiedenheiten des wirtschaftlichen Ergebnisses je nach der Höhe des Energiepreises und der Maschinenpreise, die wieder von Leistung, Drehzahl und Antriebsart abhängen. Auf seiten des Kommutatormotors ist auch ein gewisser Mehraufwand für Wartung einzusetzen. In vielen Fällen, wo Vergleichsprojekte für Kommutator- und Asynchronmotoren für direkte Kupplung und Riemenübertragung aufzustellen sind, wird der Kommutatormotor für direkte Kupplung wegen seines besonders hohen Preises wohl von vornherein ausscheiden; die Preise des Kommutatormotors mit Riemenübertragung und des Asynchronmotors für direkte Kupplung werden dann ungefähr gleich hoch ausfallen, und bei dem Vergleich sind dann auf seiten des Kommutatormotors noch die Verluste der Riemenübertragung einzusetzen.

Erheblich wird also der Gewinn durch Verwendung eines Kommutatormotors bei Ventilatoren auch in den Fällen nicht sein, wo die Wirtschaftlichkeitsberechnung zu seinen Gunsten entscheidet, doch wird es sich empfehlen, den möglichen Gewinn auszunutzen, wenn man sich auf die Richtigkeit der Vorausberechnung bestimmt verlassen kann. Wenn dagegen über die voraussichtliche Benutzungsdauer der verschiedenen Geschwindigkeiten und die im Laufe der Zeit zu erwartenden Belastungen keine sicheren Unterlagen vorhanden sind, wird die Wahl des einfacheren und billigeren Asynchronmotors mehr zu befürworten sein.

Doppelkommutatormotoren dürften für Ventilatorantriebe kaum in Betracht kommen, da bei dem geringen Regelbereich und der Seltenheit der Drehzahländerung ohne Schwierigkeit Regelsätze angewandt werden können, die sich billiger stellen als Doppelkommutatormotoren und ihnen in bezug auf Wirkungsgrad und Leistungsfaktor überlegen sind.

Übrigens sind bei Ventilatorantrieben Reihenschlußmotoren durchaus zulässig, weil das passive Drehmoment des angetriebenen Ventilators im Betriebe eindeutig von der Drehzahl abhängt; Sicherheitsvorrichtungen gegen Drehzahlsteigerungen bei Eintreten ungewöhnlicher Ereignisse (versehentliches Schließen eines Schiebers, Abgleiten eines Riemens) hat man jedoch vorzusehen.

Schleuderpumpen.

Für Schleuderpumpenantrieb haben die Drehstrom-Kommutatormotoren von vornherein beschränkte Bedeutung, weil sie bei den meistens erforderlichen hohen Drehzahlen nur für mäßig große Leistungen gebaut werden können.

Dem Antrieb durch Reihenschlußmotoren stehen keine Bedenken entgegen; das Durchgehen bei außergewöhnlichen Störungen ist wiederum durch Sicherheitsvorrichtungen zu verhüten.

Das Verhalten der Pumpe mit Reihenschlußmotor weicht von dem der Pumpe mit Asynchronmotor erheblich ab; bei konstanter Einstellung des Regelorgans steigen und sinken Drehzahl und Druck mit Änderung der Wasserentnahme bei Reihenschlußmotorantrieb erheblich stärker. Ein Abfallen der Pumpe bei geringer Förderung wie bei

Asynchronmotorenantrieb ist also nicht zu erwarten. Besonderen Wert hat die hierdurch erreichbare Stetigkeit der Wasserlieferung von Null bis zum Höchstwert freilich nicht, da die Schleuderpumpen bei geringer Lieferung viel zu unrationell arbeiten und sich stark erhitzen. Praktisch regelt man die Drehzahl von Hand durch die Bürstenverschiebung ein, ebenso wie es beim Asynchronmotor mit Hilfe des Schlupfwiderstandes geschieht, und erhält dadurch unabhängig von der Motorcharakteristik die jeweils gewünschte Wasserförderung.

Für die Beurteilung der Zweckmäßigkeit der Anwendung von Kommutatormotoren in wirtschaftlicher Hinsicht sind folgende Fälle zu unterscheiden:

1) Die Pumpe arbeitet auf eine Anlage, bei der eine eindeutige Beziehung zwischen der geförderten Wassermenge und dem Druck an der Pumpe besteht.
2) Die Pumpe arbeitet auf eine Anlage, bei der bestimmte Wassermengen verschiedenen Druckhöhen an der Pumpe entsprechen können.

Betrachtet sei zunächst der erste Fall. Für die Art der Beziehung zwischen Fördermenge und Druck sind bestimmend der statische Druck und die Konstanten für die Strömungswiderstände (Länge, Querschnitt, Rauhigkeit usw. der Rohrleitungen). Die Gesamtwiderstände am Druckstutzen können nun nahezu rein statischer Natur sein, wie es bei Wasserhaltungen und Preßwasseranlagen mit Akkumulatoren der Fall ist, sie können fast ausschließlich aus Strömungswiderständen bestehen, wie es bei Kanalisationspumpwerken, welche Abwässer zu entfernt liegenden Rieselfeldern drücken, vorkommt, oder sie können sich aus statischen Widerständen und Strömungswiderständen zusammensetzen, wofür als Beispiel die städtischen Wasserversorgungsanlagen zu nennen sind. —

Sind die Widerstände rein statisch, so entspricht der Änderung der Fördermenge zwischen Null und dem Höchstwert eine sehr geringe Änderung des Druckes und eine noch geringere Änderung der Drehzahl; infolgedessen wird man in diesen Fällen Asynchronmotoren ohne Regelung verwenden und die Regelung mit dem Drosselschieber genügend wirtschaftlich bewirken können, weil die Drosselverluste prozentual sehr klein ausfallen.

In den übrigen Fällen wird Drehzahlregelung vorteilhafter; auf die Wirtschaftlichkeit des Asynchronmotors und Kommutatormotors läßt sich aus nachstehender Überlegung schließen, bei der der Einfachheit halber die Pumpenwirkungsgrade, die den Vergleich wenig beeinflussen, unberücksichtigt bleiben sollen. Bei rein statischen Widerständen ist, wie gesagt, die Änderung der Drehzahl bei Änderung der Fördermenge zwischen Null und dem Höchstwert nur sehr gering; die

Drehzahl kann also in solchen Fällen für die Beurteilung der Motorwirkungsgrade als nahezu konstant betrachtet werden, so daß sich die Kurve Leistung über Drehzahl näherungsweise durch eine Parallele zur Ordinate darstellen läßt, wie es auf Fig. 16 geschehen ist. Sind die Widerstände reine Strömungswiderstände, so steigt und fällt die Leistung ähnlich wie beim Ventilator annähernd mit der dritten Potenz der Fördermenge und Drehzahl, also nach einer kubischen Parabel, die gleichfalls auf Fig. 16 gezeichnet ist. Sämtliche übrigen Fälle, bei denen statische und Strömungswiderstände gemischt auftreten, liegen offenbar zwischen diesen beiden Grenzfällen, die ihnen entsprechenden Kurven „Leistung über Drehzahl" in dem schraffierten Gebiet von Bild 16.

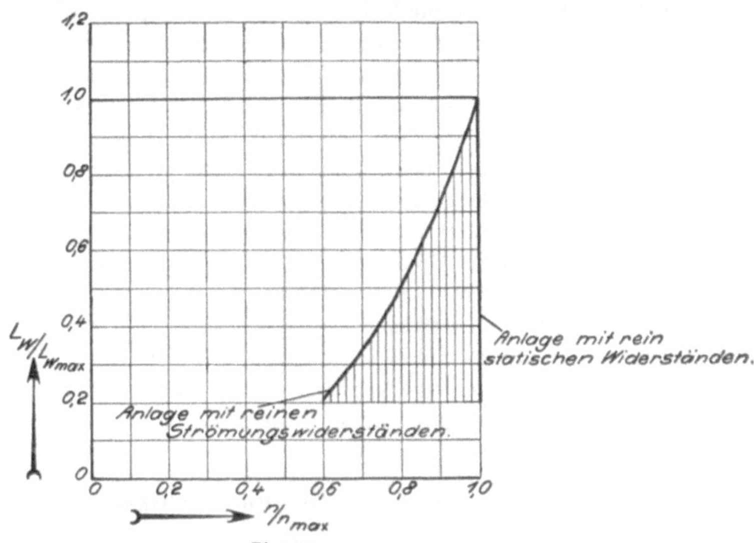

Fig. 16.
Leistung über Drehzahl bei Schleuderpumpenantrieben. (Vereinfachte Darstellung.)

Nun ist die Frage nach dem Wirkungsgrad von Reihenschlußmotor und Asynchronmotor bei Leistungsänderung mit konstanter Drehzahl bereits bei Besprechung von Fig. 9 beantwortet worden, bei Änderung der Leistung mit der dritten Potenz der Drehzahl in dem Abschnitt „Ventilatoren" an Hand von Fig 13; im einem Falle hatte sich eine bedeutende Überlegenheit des Asynchronmotors, im anderen Falle eine geringe und nur bedingte Überlegenheit des Kommutatormotors ergeben. Hieraus folgt, daß die Verhältnisse für die Kommutatormotoren im Durchschnitt nicht sehr günstig sind, wo der mit 1 bezeichnete Fall vorliegt, daß eine eindeutig gegebene Beziehung zwischen Wassermenge und Druck besteht; ausgenommen hiervon sind nur diejenigen Fälle, wo bei nicht zu kleinem Regelbereich der Betrieb mit niedrigen Drehzahlen überwiegt, was bei Wasserversorgungsanlagen vorkommen kann.

Im Falle 2 kann der Kommutatormotor häufiger zweckmäßig sein. Betrachtet man z. B. eine Wasserversorgungspumpe, die in bergigem Gelände abwechselnd auf die Behälter von verschieden hoch gelegenen Ortschaften zu arbeiten hat, so sind für die möglichen Betriebsfälle verschiedene Beziehungen zwischen Fördermenge und Druck denkbar. Die gleiche Wassermenge kann z. B. einmal bei Förderung auf 100 m, ein andermal bei Förderung auf 150 m, ein drittes Mal bei Förderung auf 200 m Druckhöhe vorkommen. Arbeitet die Pumpe abwechselnd mit der gleichen Wassermenge auf die drei Behälter, so stellt der Betrieb hinsichtlich des Wirkungsgrades einen Zwischenfall zwischen den auf Fig. 12 und 13 gezeigten Fällen dar, der Arbeitsbereich würde also oberhalb der schraffierten Fläche von Fig. 16 liegen; hierbei kann sich offenbar eine erhebliche Energieersparnis auf seiten des Kommutatormotors ergeben. Die Änderungen des Pumpenwirkungsgrades sind der Einfachheit halber wieder vernachlässigt, da sie für den Vergleich zwischen den Motoren wenig Bedeutung haben. Eine Entscheidung für den einzelnen Fall kann wiederum nur auf Grund eingehender Wirtschaftlichkeitsvergleiche getroffen werden.

Unter Umständen ist auch bei Schleuderpumpen die Verwendung der in dem Abschnitt „Ventilatoren" erwähnten Asynchronkaskaden, polumschaltbaren Motoren und so weiter zu erwägen, doch dürften diese Lösungen hier noch seltener in Vergleich treten, weil in Anbetracht der für die Pumpen meist erforderlichen hohen Drehzahlen der Übergang von einer Synchrondrehzahl zu der nächst tieferen einen sehr großen Sprung in der Regelung bedeutet.

Kompressoren und Gebläse.

Für Turbokompressoren sind Drehstrom-Kommutatormotoren nicht verwendbar, weil sie für die erforderlichen hohen Leistungen und Drehzahlen nicht gebaut werden können. Für Turbogebläse von geringer Drehzahl und mäßiger Leistung können sie gelegentlich in Frage kommen; ihre Zweckmäßigkeit wird dabei im wesentlichen von den gleichen Faktoren abhängen, welche bei Ventilatorantrieben von Einfluß waren; insbesondere können sie vorteilhaft sein, wenn die Betriebszeit mit verminderter Geschwindigkeit überwiegt.

Bei Kolbenkompressoren und Kolbengebläsen werden sich ihrer Anwendung keine technischen Schwierigkeiten in den Weg stellen, soweit nicht besonders große Leistungen erforderlich sind. Bei diesen Maschinen kann Regelung des Druckes und der Liefermenge notwendig sein. Der Druck wird nur durch das Indikatordiagramm, also durch die Zylindersteuerung, nicht durch die Geschwindigkeit beeinflußt, die Regelung des Druckes hat daher für die Diskussion des Kommutatormotorantriebs mit Drehzahlregelung keine besondere Bedeutung. Dagegen gibt es für die Regelung der Liefermenge zwei Möglichkeiten: entweder man regelt bei gleichbleibender voller Geschwindigkeit mit Hilfe der Zylindersteuerung, oder man regelt die Drehzahl des antreibenden Motors. Im ersteren Falle ist bei Vorhandensein von Drehstrom ein Asynchronmotor zu wählen, im letzteren Falle ein Kommutatormotor, da ein Asynchronmotor bei weitgehender Regelung mit konstantem Moment, wie aus Fig. 9 und 12 ersichtlich, zu unwirtschaftlich sein würde. Es bleibt daher die Frage zu beantworten, ob der Kompressor mit Regelung durch die Zylindersteuerung und Antrieb durch durchlaufenden Asynchronmotor wirtschaftlicher arbeitet, oder der Kompressor mit Drehzahlregelung und Antrieb durch Kommutatormotor.

Die Größe des Energieverbrauches für bestimmte Liefermengen in der Zeiteinheit von bestimmtem Druck hängt von drei Gruppen von Verlusten ab; die erste Gruppe bilden die Verluste im Motor, die zweite Gruppe die mechanischen Verluste des Kompressors, die dritte Gruppe die Verluste gerechnet von dem Arbeitsinhalt des Indikatordiagramms bis zu dem Arbeitsinhalt des Mediums im Druckleitungsnetz, die zum kleineren Teil aus Drosselverlusten, zum größeren Teil aus Abkühlungsverlusten bestehen. Über die erste Gruppe geben die Wirkungsgradkurven von Fig. 9 Aufschluß; die zweite Gruppe kann mit einiger Berechtigung als unabhängig vom Indikatordiagramm und proportional der Drehzahl angenommen werden; dagegen macht die richtige Bewertung der dritten Gruppe Schwierigkeiten.

Die Zustandsänderung des Mediums für eine ideale Druckluft-Kraftübertragung würde die adiabatische sein; der Wirkungsgrad würde dabei — unter Vernachlässigung der Strömungsverluste — den Wert 1,0 erreichen, weil sich der ganze Arbeitsprozeß bei konstanter Entropie abspielen würde. Dieser Idealfall ist praktisch aber nicht durchführbar, weil das im Kompressor adiabatisch komprimierte und dabei stark erwärmte Medium im Rohrnetz nahezu auf die Temperatur der Umgebung abgekühlt würde, und anderseits weil die hohe Kompressionstemperatur betriebstechnische Nachteile zur Folge hätte. Da am Druckluftwerkzeug tatsächlich nur ein Arbeitsinhalt des Mediums verfügbar bleibt, der mit dem geringeren Arbeitsaufwand der isothermischen Kompression im Kompressor erhalten werden kann, so strebt man praktisch nicht Annäherung an die adiabatische, sondern an die isothermische Kompression an (vergl. „Hütte, Des Ingenieurs Taschenbuch“, Band II).

Für Verminderung der Liefermenge durch Drehzahlregelung wird man annehmen können, daß die erwünschte Annäherung an die isothermische Zustandsänderung bei geringeren Drehzahlen in etwas höherem Maße erreicht wird als bei voller Drehzahl, weil zur Wärmeabgabe an die gekühlten Zylinderwandungen und -Deckel mehr Zeit bleibt; die indizierte Leistung bezogen auf die Einheit der gelieferten Luftmenge dürfte daher bei Abnahme der Drehzahl ein wenig sinken. Für die anderen Regelverfahren (Vergrößerung des schädlichen Raumes, Verspätung des Abschlusses gegen die Saugleitung beim Kompressionshube) läßt sich schwer sagen, ob und in welchem Grade sich die Art der Zustandsänderung bei der Regelung verändern wird; dagegen dürften die Strömungsverluste bewirken, daß die indizierte Leistung für die Einheit der Luftmenge bei Verminderung der Luftlieferung ein wenig zunimmt; so wird beispielsweise bei der Regelung durch Verzögerung des Abschlusses der Saugventile im Falle der Luftlieferung Null, wobei die Druckventile sich gar nicht öffnen, das Indikatordiagramm noch einen meßbaren Flächeninhalt behalten. Demnach wird angenommen werden können, daß die indizierte Leistung bei Verminderung der Liefermenge bei Drehzahlregelung schneller zurückgehen wird als bei Regelung des Hubvolumens; die Größe dieses Unterschiedes wird je nach den Daten, der Bauart und den Kühlungsverhältnissen der Kompressoren verschieden sein.

Es sollen daher nur die Unterschiede im Energieverbrauch infolge des Einflusses der mechanischen und der Motorwirkungsgrade zahlenmäßig untersucht werden. Hierfür seien wieder Motorleistungen von etwa 250 PS zugrunde gelegt. Die Motorwirkungsgrade verlaufen in den beiden Fällen nach den Kurven für η_{a_2} und η_{k_1} auf Abbildung 9. Der mechanische Wirkungsgrad betrage 0,88 bei voller Leistung und voller Drehzahl; unter der Annahme, daß die diesem Wirkungsgrad entsprechenden mechanischen Verluste proportional mit der Drehzahl abnehmen, sind die mechanischen Verluste bei Leistungsänderung durch Drehzahlregelung abhängig von der Größe der indizierten Leistung L_i, also $L_i \cdot \left(\frac{1}{0{,}88} - 1\right)$, bei Leistungsänderung durch Regelung des Hubvolumens konstant und zwar $L_{i_{norm}} \cdot \left(\frac{1}{0{,}88} - 1\right)$, worin $L_{i_{norm}}$ die indizierte Leistung bei normaler Belastung bedeutet. Dann ergibt sich:

Antrieb durch:	Kommutatormotor	Asynchronmotor
Regelung:	Drehzahlregelung	Volumenregelung
Indizierte Leistung:	L_i	L_i
Leistung an der Welle:	$L_{w_k} = \frac{L_i}{0{,}88}$	$L_{w_a} = L_i + L_{i_{norm}} \cdot \left(\frac{1}{0{,}88} - 1\right)$
Leistung am Netz:	$L_{n_k} = \frac{L_w}{\eta_{k_1}}$	$L_{n_a} = \frac{L_w}{\eta_{a_2}}$

Die Durchführung der Vergleichsrechnung unter Benutzung der Kurven von Fig. 9 führt zu den auf Fig. 17 gezeichneten Kurven für

Wirkungsgrade und Energieverbrauch in Abhängigkeit von der indizierten Leistung. Berücksichtigt man das oben über das Verhalten der indizierten Leistung selbst Gesagte, so kommt man zu dem Ergebnis, daß der Energieverbrauch der Kompressoranlage mit Asynchronmotor und Hubregelung bei voller Lieferung, der mit Kommutatormotor und Drehzahlregelung bei stark verminderter Lieferung niedriger wird. Da erstere Anordnung erheblicher billiger wird, so dürfte sie im allgemeinen zu bevorzugen sein, wo vorwiegend der obere oder wo der

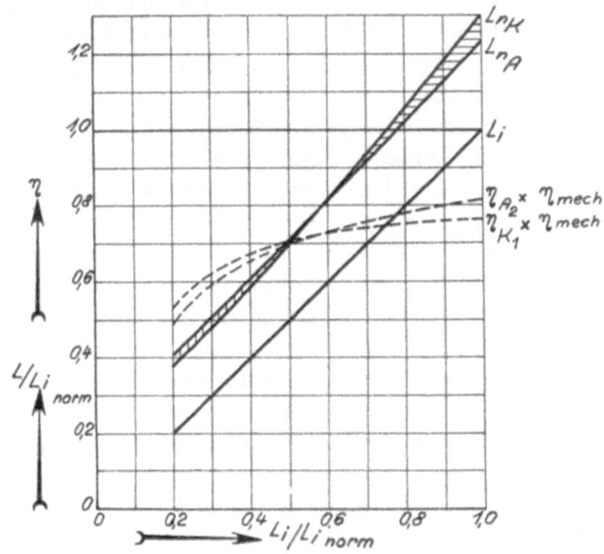

Fig. 17.
Kompressor mit durchlaufendem Asynchronmotor und mechanischer Regelung und Kompressor mit geregeltem Kommutatormotor.

ganze Regelbereich gleichmäßig benutzt wird; dagegen kann die Anordnung mit Kommutatormotor vorteilhaft werden, wo die Zeiten geringen Luftbedarfs überwiegen, jedoch die Möglichkeit vorübergehender starker Steigerung der Luftlieferung gegeben sein muß.

Da der jährliche Energieverbrauch bei beiden Anordnungen niemals erheblich verschieden werden kann, wird eine richtige Wahl in jedem einzelnen Falle nur auf Grund eingehender Vorberechnungen getroffen werden können.

Kolbenpumpen.

Anders als bei den Kompressoren liegen die Verhältnisse bei den Kolbenpumpen. Die Unzusammendrückbarkeit des Wassers und die unerläßliche Forderung stoßfreien Ganges schließen Vorrichtungen zur

Regelung des Hubvolumens durch Beeinflussung der Steuerung aus. Die einzige Möglichkeit, die Liefermenge bei gleichbleibender Geschwindigkeit zu regeln, bildet die Aussetzregelung mit Umlaufvorrichtungen, die bei kleineren Kraftwasserpumpen bisweilen angewandt wird; gute Anpassung an den Bedarf ist aber mit ihr nicht erreichbar, auch kann die Unregelmäßigkeit der Motorbelastung störend wirken. Damit bleibt für Kolbenpumpen in der überwiegenden Mehrzahl der Fälle zur Regelung der Fördermenge nur Veränderung der Drehzahl übrig. Die Regelung erfolgt hier wiederum mit konstantem Moment, wofür die Energieverbrauchskurven von Fig. 12 in Betracht kommen. Der Kommutatormotor ist dem Asynchronmotor hier offenbar bedeutend überlegen.

Kolbenpumpen haben hohe Wirkungsgrade, die sich bei Regelung der Drehzahl nicht nennenswert verändern, erfordern aber viel Raum und verursachen hohe Anlagekosten. Schleuderpumpen haben geringe Wirkungsgrade, die sich bei Verminderung der Liefermengen stark verschlechtern, haben geringen Raumbedarf und sind billig. Kolbenpumpen sind daher vorteilhaft für Betriebe mit hoher Benutzungsdauer und hohen Energiekosten, Schleuderpumpen für Betriebe mit geringer Benutzungsdauer und mäßigen Energiekosten, oder wo vor allem auf Beschränkung der Anlagekosten Wert gelegt wird. Während die Wahl von Kommutatormotoren die Anlagekosten einer Pumpstation mit Schleuderpumpen prozentual erheblich steigern kann, bedeutet sie bei den an sich kostspieligen Kolbenpumpenanlagen eine prozentual nur unbedeutende Verteuerung. Im allgemeinen werden daher die Anschaffungskosten ihre Verwendung bei Kolbenpumpen nicht verhindern, wenn das Bedürfnis nach Drehzahlregelung vorliegt.

Es ist übrigens bei Verwendung von Kommutatormotoren durchaus nicht notwendig, sämtliche Pumpen eines Pumpwerks mit solchen anzutreiben; zur Verringerung der Anlagekosten kann man einen Teil der Pumpen mit durchlaufenden Asynchronmotoren ausrüsten, die dann nur vollbelastet betrieben werden. Der Gesamtwirkungsgrad der Anlage wird hierdurch günstig beeinflußt, weil ein großer Teil der Wasserförderung mit dem höheren Wirkungsgrad der Asynchronmotoren geleistet wird. Da das Dauerdrehmoment der Kommutatormotoren, wie auf Fig. 7 gezeigt, beim Einstellen sehr geringer Drehzahlen abnimmt, so empfiehlt es sich, mit der Regelung nicht weiter als auf etwa das 0,3 fache der höchsten Drehzahl hinabzugeben, um nicht zu große Motoren zu erhalten. — Man kann dann etwa in folgender Weise disponieren: Bewegt sich der Wasserbedarf, ausgedrückt in Leistungseinheiten der Pumpen, zwischen 0,3 und 1,0, so hält man eine Kommutatorpumpe in Betrieb. Steigt der Wasserbedarf über den Betrag 1,0, so wird eine Asynchronmotorpumpe hinzugeschaltet, bei einem Wasserbedarf von mehr als 2,0 eine zweite Asynchronmotorpumpe usw. — Die kleinste Förderung, welche eine Kommutatormotorpumpe und eine gleich große Asynchronmotorpumpe zusammen hergeben können, würde nach vorstehendem 1,3 betragen, so daß Fördermengen zwischen 1,0 und 1,3 nicht genau eingeregelt werden können. Liegt ein dringendes Bedürfnis vor, die Fördermenge auch innerhalb dieses Bereiches feinstufig einzuregeln, so kann man sich dadurch helfen, daß man die Leistung der Asychronmotorpumpen geringer wählt als diejenige der Kommutatormotorpumpe, etwa 0,7 mal so groß. Der Betrieb würde sich dann in folgender Weise gestalten:

Gesamte Förderung in Einheiten der Kommutatormotorpumpen . .	0,3—1,0	1,0—1,7	1,7—2,4
Kommutatormotorpumpen in Betrieb	1	1	1
Mit Förderung	0,3—1,0	0,3—1,0	0,3—1,0
Asynchronmotorpumpen in Betrieb .	0	1	2
Mit Förderung	0	0,7	1,4

Bei einer derartigen Disposition würde man also mit einer Kommutatorpumpe auskommen, für die als Reserve entweder eine zweite Kommutatormotorpumpe oder auch eine Schleuderpumpe mit Asynchronmotor vorzusehen wäre, und könnte die übrigen Kolbenpumpen mit Asynchronmotoren betreiben.

Erwähnt sei noch, daß man für Kolbenmaschinen unter Voraussetzung einer bestimmten zulässigen Schwankung der Netzbelastung, hervorgerufen durch die Ungleichförmigkeit des Ganges, bei Reihenschlußmotorantrieb weniger Schwungmassen benötigt als bei Asynchronmotorantrieb; der Grund hierfür liegt in dem Unterschied zwischen Reihenschluß- und Nebenschlußverhalten.

Durchlaufende Walzenstraßen.

Ein weiteres Anwendungsgebiet für die Drehstrom-Kommutatormotoren bilden die kleineren durchlaufenden Walzenstraßen. Da mit den Motoren nicht jede beliebige Leistung erreicht werden kann, kommen in erster Linie Straßen für kleinere Profileisen und Draht, für Qualitätsstähle, ferner Kupfer-, Messing-, Zink- und Bleiwalzwerke in Betracht.

Bei den durchlaufenden Walzwerken ist in den meisten Fällen Regelung der Drehzahl zweckmäßig, weil die günstigsten Walzgeschwindigkeiten je nach Qualität, Querschnitt und Profil des Walzgutes erheblich verschieden sein können. Am günstigsten wäre es, die Geschwindigkeit den Bedürfnissen jedes einzelnen Walzstiches anzupassen; diese Anforderung verliert jedoch dadurch an Bedeutung, daß man bei kleineren Querschnitten in mehreren verschiedenen Kalibern gleichzeitig sticht, und wird zudem technisch unerfüllbar, wenn Schwungmassen angeordnet werden, um den Motor und das Netz vor den starken Belastungsstößen zu schützen, was in der Regel geschieht. Man begnügt sich deshalb meistens damit, die Geschwindigkeiten den mittleren Anforderungen der Stiche entsprechend einzustellen; regelbare Antriebe bieten dabei den Vorteil, daß diese Drehzahl nicht ein für allemal entsprechend der Walzgeschwindigkeit desjenigen Materials, das am langsamsten verwalzt werden muß, festgelegt zu werden braucht, sondern in jedem einzelnen Falle so hoch wie zulässig gewählt werden kann, was eine Steigerung der Ausbeute und in vielen Fällen auch eine Verminderung des Energieverbrauchs wegen der geringeren Abkühlung des Walzgutes zur Folge hat.

In der Regel wird verlangt, daß sich die Geschwindigkeit um etwa 25—50% herunterregeln läßt. Bei jeder eingestellten Leerlaufgeschwindigkeit muß dann noch eine gewisse Nachgiebigkeit der Drehzahl gegenüber Belastungsstößen bestehen; diese Nachgiebigkeit darf nicht zu groß sein mit Rücksicht auf die Gleichmäßigkeit des auszuwalzenden Materials und auf die Stetigkeit der Netzbelastung, und nicht zu klein, weil sonst übermäßig große Schwungmassen erforderlich würden. In den für Kommutatormotoren in Frage kommenden Fällen wird die Größe der Nachgiebigkeit sich etwa innerhalb der Grenzen von 6% bis 18% bewegen. Die Anforderungen an die Leistungsfähigkeit bei den verschiedenen Geschwindigkeiten wechseln stark je nach der Art des Walzwerkes; zum Beispiel wird bei Profilstraßen meistens die gleiche Leistung im ganzen Regelbereich gefordert, also größere Drehmomente bei den geringeren Drehzahlen, bei Kupferblechstraßen sind dagegen bei den geringen Drehzahlen, mit denen die feinen Bleche fertig gewalzt werden, niedrigere Drehmomente erforderlich als bei höheren Drehzahlen.

Steht für den Antrieb der Walzenstraße Gleichstrom zur Verfügung, so bietet sich in dem Gleichstromverbundmotor eine Maschine, welche alle Anforderungen des Betriebes in idealer Weise erfüllt. Mit Hilfe des Nebenschlußreglers läßt sich die Leerlaufdrehzahl, mit Hilfe eines zur Verbundwicklung parallel geschalteten Regelwiderstandes die Nachgiebigkeit einstellen.

Bei Verwendung von Drehstromasynchronmotoren bereitet die Einstellung der Nachgiebigkeit mit Hilfe eines Schlupfwiderstandes keine Schwierigkeit, dagegen ist eine Einregelung fester unterhalb der Synchrondrehzahl liegender Leerlaufdrehzahlen nicht möglich, weil der Motor bei Entlastung stets seiner Synchrondrehzahl zustrebt. Wenn man trotzdem den Schlupfwiderstand in manchen Fällen zur Erzielung dauernder Geschwindigkeitsverminderung benutzt hat, so rechnete man damit, daß sich die Belastung durch gleichmäßige Zuführung des Walzguts im allgemeinen so weit konstant halten läßt, daß dem Motor keine Zeit bleibt, hoch zu laufen, und nahm es in Kauf, wenn nach Unterbrechungen die Geschwindigkeit zu hoch wurde und nachgeregelt werden mußte. Immerhin ist dies Verfahren ein ziemlich rohes und kann nur als Behelf angesehen werden. Zudem wird der Wirkungsgrad bei Regelung mit Schlupfwiderständen sehr ungünstig.

Dem Gleichstromverbundmotor technisch annähernd gleichwertige Drehstromantriebe ergeben sich nur bei Verwendung von Kommutatormaschinen mit Verbundverhalten. Für größere Leistungen kommen Regelsätze zur Anwendung (Asynchronmotor-Einankerumformer-Gleichstromhintermotor; Asynchronmotor-Drehstromkommutatorhintermotor; Asynchronmotor-Frequenzwandler). Zur Erzielung der Nachgiebigkeit können Hintermotoren mit Verbundverhalten oder Verbundtransformatoren zur Anwendung kommen. Für kleinere Leistungen sind einfache Kommutatormotoren verwendbar. Brauchbar sind Nebenschlußmotoren mit Verbundtransformatoren und Reihenschlußmotoren mit selbsttätiger Regelung der Bürstenstellung.

Die Nebenschlußmotoren mit Verbundtransformatoren bedürfen keiner Besprechung; die Schaltung und einige Charakteristiken sind in dem Aufsatz von G. Meyer in EKB. 1911, Seite 421 ff. gezeigt; das Verhalten entspricht ziemlich genau dem der Gleichstromverbundmotoren. Die Schwierigkeiten, die sich aus den Stufenschaltungen ergeben, sind an anderer Stelle bereits erwähnt. Nachstehend sei einiges über die Reihenschlußmotoren und die Anforderungen an ihre Regelorgane gesagt.

Zunächst sei der Reihenschlußmotor mit fest eingestellten Bürsten betrachtet; sein Verhalten ist der Anschaulichkeit wegen auf Fig. 18 bis 20 mit dem eines Asynchronmotors mit Widerstandsregelung in Vergleich gestellt. Fig. 18 zeigt einige Kurven, welche den Wirkungsgrad, die Leistung an der Welle KW_w und die Leistung am Netz KW_n für einen Asynchronmotor mit fest eingestelltem Schlupfwiderstand erkennen lassen. Es sind zwei Fälle dargestellt, Betrieb mit der höchsten Drehzahl (die 5% unterhalb der Synchrondrehzahl liegend angenommen ist), und Betrieb mit $^2/_3$ der Höchstdrehzahl; in beiden Fällen ist ein Drehzahlspiel von 12,5% der Höchstdrehzahl zugrunde gelegt. Bei Betrieb mit höchster Geschwindigkeit ist der Wirkungsgrad etwa 84% im Mittel, bleibt also wesentlich unter dem normalen Wirkungsgrad von 92,5% des Motors ohne Schlupfwiderstand. Die Netzbelastung ist dem Schlupf proportional, ändert sich also mit diesem in den beiden Fällen im Verhältnis von 5 : 17 und 36 : 48.

Den Kurven von Fig. 18 sind auf Fig. 19 entsprechende Kurven für den Reihenschlußmotor gegenübergestellt. Die beiden Kurvenstücke für die Leistung an der Welle KW_w sind gewissermaßen Ausschnitte aus der Kurvenschar von Abb. 7; die Bürstenstellung ist in einem Falle zu 80°, im anderen Falle zu 128° angenommen. Im Gegensatz zum

Asynchronmotor zeigt sich, daß sich bei voller Geschwindigkeit die Netzbelastung viel weniger mit der Drehzahl ändert und daß bei verminderter Geschwindigkeit ein erheblich besserer Wirkungsgrad zu erreichen ist.

Fig. 20 veranschaulicht die Verhältnisse bei einem Anwendungsfall: Für eine Walzenstraße von 400 PS ist der zeitliche Verlauf von Geschwindigkeit, Drehmoment und Leistung für Antrieb mit Asynchronmotor und mit Kommutatormotor zeichnerisch ermittelt (die kleinen Ungenauigkeiten des zeichnerischen Verfahrens sind für das Ergebnis ohne Bedeutung).

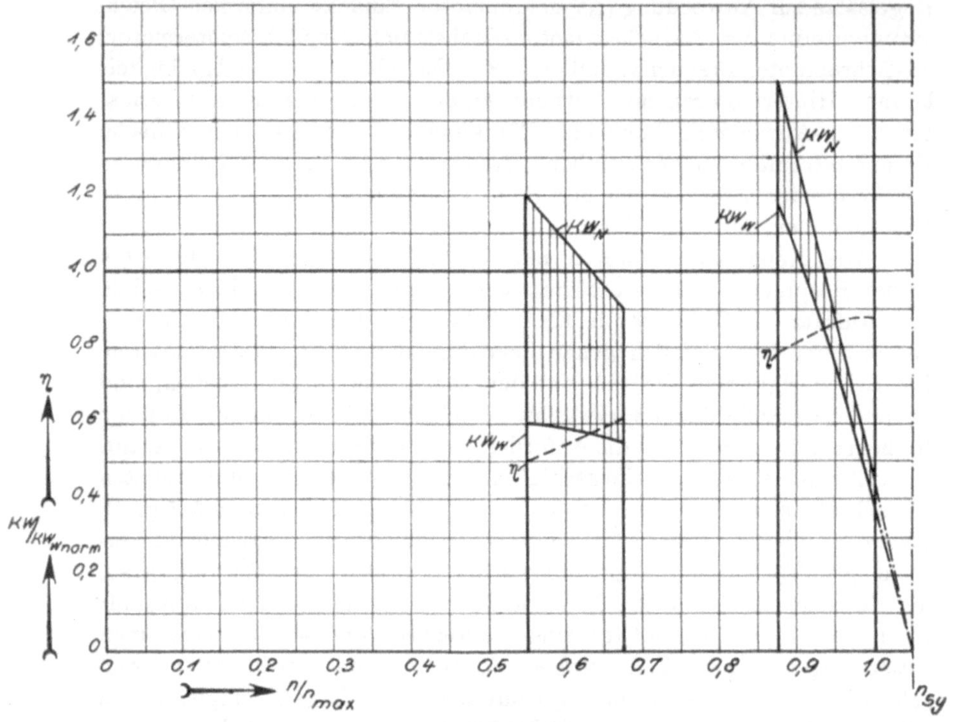

Fig. 18.
Asynchronmotor mit festem Schlupfwiderstand bei Drehzahlspiel zwischen 5% und 17% Schlupf (1,0 und 0,875 der höchsten Betriebsdrehzahl) und zwischen 36% und 48% Schlupf (0,675 und 0,55 der höchsten Betriebsdrehzahl).

Angenommen wurde eine gleichmäßige Folge von 10 Sekunden dauernden Stichen mit Zwischenpausen von 10 Sekunden, in denen der Antrieb nur die Leerlaufleistung der Walzgerüste zu decken hat. Das Drehzahlspiel von 285 bis 250 Umdrehungen soll den Verhältnissen des Betriebes mit höchster Geschwindigkeit auf Fig. 18 und 19 entsprechen. Das Schwungmoment des Schwungrades ist zu 80000 kgm^2 angenommen, woraus sich bei dem gezeichneten Stichplan das angegebene Drehzahlspiel ergibt. Fig. 20 läßt erkennen, daß im betrachteten Falle die vom

Netz aufgenommene Leistung beim Asynchronmotor um den mittleren Wert um etwa 50 $^0/_0$ nach oben und unten schwankt, beim Reihenschlußmotor nur um etwa 15 $^0/_0$.

Bei Betrieb mit $^2/_3$ der vollen Drehzahl ist der Unterschied zwischen Asynchronmotor und Kommutatormotor hinsichtlich des Verlaufs der Netzbelastung weniger erheblich, wie ein Blick auf Fig. 18 und 19 zeigt, da Schlupf und Netzbelastung beim Asynchronmotor nur noch im Verhältnis 36 : 48 schwanken; dafür ist aber der mittlere

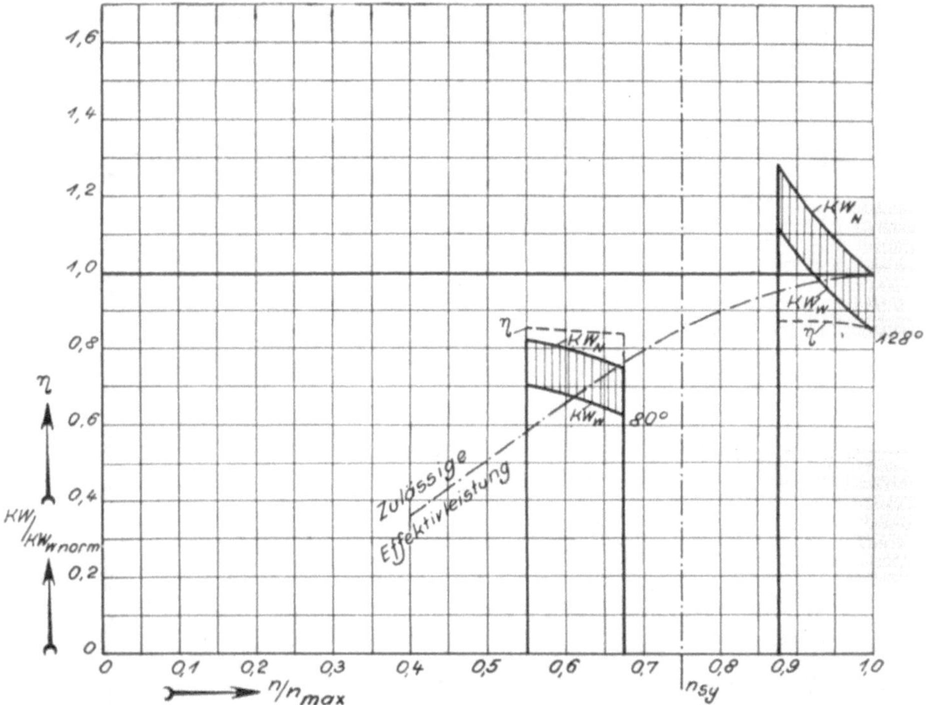

Fig. 19.
Reihenschlußmotor mit fester Bürstenstellung, bei Drehzahlspiel zwischen 1,0 und 0,875 und zwischen 0,675 und 0,55 der höchsten Betriebsdrehzahl.

Wirkungsgrad des Asynchronmotors auf 55 $^0/_0$ gesunken und liegt somit wesentlich unter dem des Kommutatormotors.

Man hat versucht, die Belastungsschwankungen der Asynchronmotoren durch Schlupfregler zu vermindern, welche die Eintauchtiefe der Elektroden der Flüssigkeitswiderstände je nach der Stärke des Motorstroms so einstellen, daß der Strom annähernd konstant bleibt. Praktisch ergeben sich aber erhebliche Schwierigkeiten für das richtige Arbeiten derartiger Vorrichtuugen, da bei der Verstellung beträchtliche Reibungs- und Massenwiderstände auftreten, die einer genauen und schnellen Beeinflussung durch empfindliche Regelapparate hinderlich sind. Diese selbsttätigen Schlupfregler haben sich zwar bei Ilgner-Umformern, bei denen die Belastungsstöße viel langsamer auf das Netz

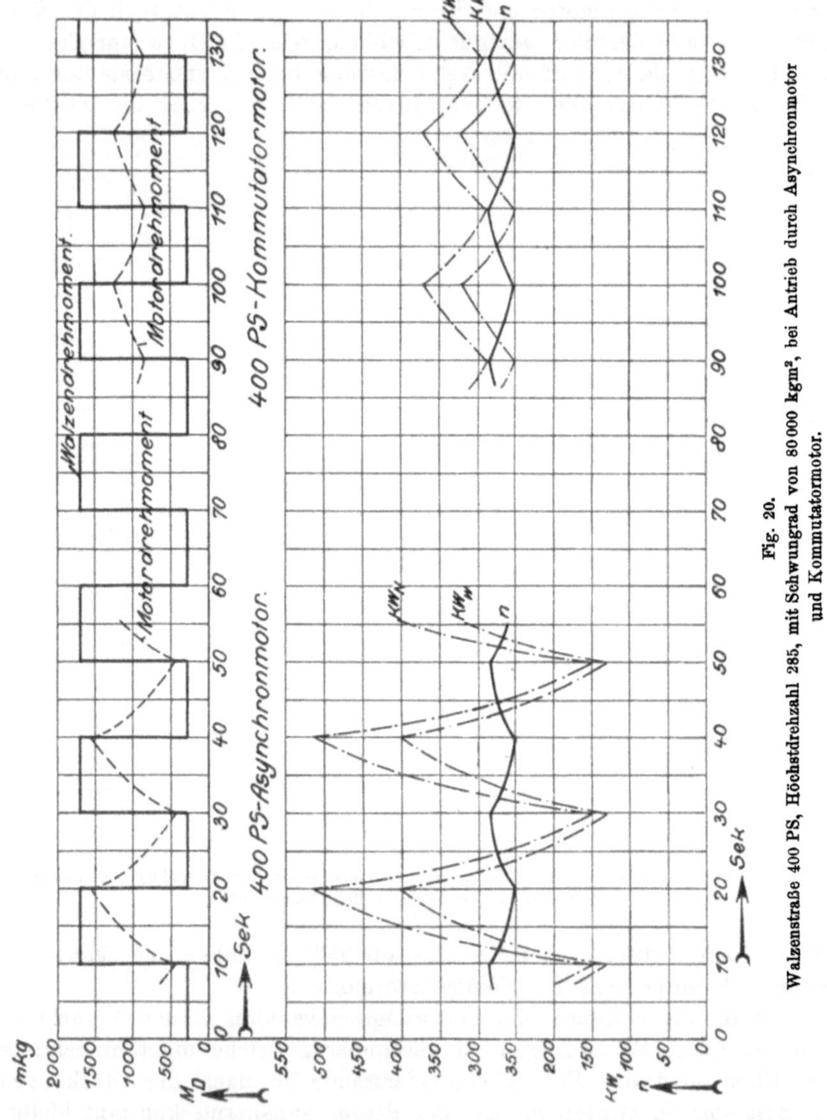

Fig. 20. Walzenstraße 400 PS, Höchstdrehzahl 285, mit Schwungrad von 80000 kgm², bei Antrieb durch Asynchronmotor und Kommutatormotor.

übertragen werden, bewährt, bei durchlaufenden Walzenstraßen dagegen sind sie infolge der Trägheit ihres Ansprechens wenig zur Anwendung gekommen. Somit war es berechtigt, zum Vergleich mit dem Kommutatormotor in erster Linie den Asynchronmotor mit fest eingestelltem Schlupfwiderstand heranzuziehen.

Die Kurven von Fig. 20 zeigen, daß das Verhalten des Reihenschlußmotors bei fest eingestellten Bürsten an sich sehr günstig ist. Jedoch stört, ähnlich wie es beim Asynchronmotor bei Betrieb mit verminderter Geschwindigkeit der Fall ist, der Umstand, daß die eingeregelte Geschwindigkeit nur so lange nicht überschritten wird, wie der Arbeitsprozeß stetig und gleichmäßig fortgeht. Tritt eine Unterbrechung ein, so nimmt die Drehzahl zu, und zwar nicht nur wie beim Asynchronmotor bis zu einem bestimmten Höchstwert, sondern bis zu dem Punkt, bei dem die Sicherheitsvorrichtung zum Ansprechen kommt. Durch das Reihenschlußverhalten würde somit im Betriebe häufiges Nachregeln der Bürstenstellung und Wiedereinlegen der Sicherheitsapparate notwendig werden, was eine lästige Mehranforderung an Bedienung bedeutet. Der Motor bedarf daher noch einer Regelvorrichtung, welche eingreift, um ihn am Verlassen des eingestellten Drehzahlspiels zu verhindern. Es wird sich dabei kaum umgehen lassen, daß auch innerhalb dieses Drehzahlspiels eine gewisse Einwirkung des Regelorgans auf die Bürstenstellung stattfindet, doch ist nach Möglichkeit anzustreben, daß die aufgezwungene Charakteristik von der natürlichen bei festen Bürsten nicht allzusehr abweicht, damit die sich nach Bild 20 ergebenden Vorzüge im wesentlichen erhalten bleiben. Es sei aber ausdrücklich betont, daß die Kurven von Fig. 20 für den Reihenschlußmotor mit Geschwindigkeitsregler einen nicht völlig erreichbaren Idealfall darstellen. Im Gegensatz zu den selbsttätigen Verstellvorrichtungen für Schlupfwiderstände sind die technischen Schwierigkeiten hier verhältnismäßig gering, weil die Bürstenträger keine großen Verstellkräfte erfordern, und weil infolge der natürlichen Nachgiebigkeit des Motors bei allen Bürstenstellungen eine plötzliche Übertragung der Belastungsstöße auf das Netz ausgeschlossen ist.

Die große Nachgiebigkeit des Reihenschlußmotors läßt sich auch, wie schon am Ende des Abschnittes Kolbenpumpen erwähnt, zur Verringerung der Schwungmassen benutzen, wobei die Drehzahlschwankungen größer werden. Für Walzenstraßenantrieb ist es jedoch richtiger, die gleichen Drehzahlschwankungen und Schwungmassen wie beim Asynchronmotor beizubehalten, um dafür die Ansprüche an die Überlastungsfähigkeit des Motors herabsetzen zu können, weil der Kommutatormotor seiner Natur nach eine weniger robuste Maschine ist als der Asynchronmotor, und die Forderung hoher Überlastbarkeit besondere Ansprüche an die Bemessung und Ausbildung des Kommutators stellt. — Während bei Asynchronmotoren für Walzwerke gewöhnlich eine Überlastbarkeit von 100% gefordert wird, wird man sich bei Reihenschlußmotoren ganz gut auf 50% beschränken können (vgl. Fig. 20).

Kurz zusammengefaßt sind die Vorzüge der Kommutatormotoren gegenüber den Asynchronmotoren bei Walzenstraßenantrieb, daß mit ihnen Beherrschung des Drehzahlspiels, günstiger Wirkungsgrad im ganzen Regelbereich und Gleichmäßigkeit der Netzbelastung erreichbar sind. Ihr Verhalten ist daher dem der Gleichstromverbundmotoren gleichwertig.

Handelt es sich darum, eine größere Anzahl nahe zusammenliegender Walzenstraßen mit regelbaren Antrieben auszurüsten, so kann der Fall eintreten, daß die Gesamtkosten der elektrischen Anlage bei Wahl von Gleichstrommotoren mit gemeinsamem Einanker- oder Kaskadenumformer niedriger werden als bei Wahl von Drehstrom-Kommutatormotoren, wobei der durchschnittliche Wirkungsgrad nicht wesentlich ungünstiger wird. Der Grund dafür ist, daß die Gleichstrommotoren selbst erheblich billiger sind als die Drehstrom-Kommutatormotoren, und daß der zusätzliche Preis für die Umformeranlage bei gemeinsamer Speisung mehrerer Motoren vergleichsweise niedrig wird. Dieser Umstand kommt besonders bei langsamlaufenden Motoren zur Geltung. — In den nachfolgenden Abschnitten über Bearbeitungsmaschinen und Fördermaschinen ist diese für die Projektierung wichtige Tatsache noch etwas ausführlicher besprochen.

Die Frage, ob die Verwendung eines Drehstrom-Kommutatormotors mit Rücksicht auf die Betriebssicherheit zweckmäßig ist oder nicht, läßt sich nicht allgemein beantworten, und muß von Fall zu Fall unter Beachtung der besonderen Verhältnisse studiert werden.

Durchlaufende Bearbeitungsmaschinen.

Unter den durchlaufenden Bearbeitungsmaschinen haben für die Betrachtung vom Standpunkt der regelbaren elektrischen Antriebe in erster Linie Drehbänke, Bohr- und Fräsmaschinen für Metalle Bedeutung. Regelbarkeit ist bei diesen Maschinen häufig erwünscht, um die je nach der Qualität des Werkzeuges und des Werkstückes und je nach der Art des Arbeitsvorgangs ganz verschiedenen zweckmäßigsten Schnittgeschwindigkeiten einstellen zu können. Diese Regelbarkeit ist zwar auch mit rein mechanischen Mitteln, mit Stufenscheiben oder Wechselrädern zu erreichen, jedoch werden die Abstufungen der Geschwindigkeit dabei ziemlich grob, wenn man die Getriebe nicht allzu umständlich und teuer werden lassen will; im allgemeinen ist die feinste erreichbare Abstufung von einer Geschwindigkeit bis zur nächsthöheren 1 : 1,25. Störend ist ferner, daß die Umschaltung in den meisten Fällen Stillsetzung der Maschine erfordert, weshalb das Personal von der Regelungsmöglichkeit häufig nicht den wünschenswerten Gebrauch machen wird.

Beide Nachteile, die in gewissem Maße die Ausnutzung der Maschinen beeinträchtigen, können durch Anwendung feinstufiger Regelmotoren beseitigt oder wenigstens vermindert werden. Es gibt einige Fälle, in denen der gesamte Regelbereich so klein ist, daß er mit Regelmotoren allein ohne Wechselräder beherrscht werden kann; dies gilt zum Beispiel für Radsatzdrehbänke, bei denen sich der Bearbeitungshalbmesser der Werkstücke nur wenig ändert und die Regelbarkeit (etwa 1 : 3,5) hauptsächlich durch die Änderung der Schnittgeschwindigkeit vom Schruppen besonders hartgebremster Bandagen bis zum Nachschlichten bedingt wird. In anderen Fällen ist der Regelbereich für den Motor allein zu groß; ein Beispiel hierfür sind Karusselldrehbänke, auf denen Werkstücke aus verschiedenem Material und von stark wechselndem Bearbeitungshalbmesser aufgespannt werden, und bei denen beispielsweise die Drehzahl von dem geringsten Werte (beim Vorschruppen eines Gußeisenkörpers vom größten vorkommenden Durchmesser) bis zum höchsten Werte (beim Nachschlichten eines Bronzekörpers vom kleinsten vorkommenden Durchmesser) zu regeln ist. Dann wird vorteilhaft eine grobe Regelung in wenigen Stufen durch Wechselräder vorgesehen und die feine Regelung von einer Grobstufe bis zur nächsten dem Motor zugewiesen.

Der Leistungsbedarf im Regelbereich des Motors kann sehr verschieden sein. Im allgemeinen dürfte anzunehmen sein, daß die Leistung bei den mittleren Schnittgeschwindigkeiten (beim Nachschruppen und Vorschlichten) beträchtlich höher ist als bei der geringsten Schnittgeschwindigkeit (Vorschruppen) und bei der höchsten Schnittgeschwindigkeit (Nachschlichten). Für Radsatzdrehbänke, bei denen aus dem oben erwähnten Grunde eine einigermaßen bestimmte Beziehung zwischen Schnittgeschwindigkeit und Motordrehzahl besteht, genügen daher Motormodelle, welche die erforderliche Höchstleistung bei etwa mittlerer Drehzahl hergeben. Dagegen kann in dem anderen oben gegebenen Beispiel der Karusselldrehbänke die Höchstleistung offenbar auf jede beliebige Drehzahl des Motors fallen, so daß die Motoren für die Höchstleistung bei unterster Drehzahl auszuwählen sein werden.

Motoren zum Antrieb von Bearbeitungsmaschinen müssen Nebenschlußverhalten haben; eine geringe Nachgiebigkeit ist jedoch zulässig. Motoren mit Reihenschlußverhalten würden bei Belastungsschwankungen, wie sie beispielsweise beim Vorschruppen eines unrunden Gußstückes auftreten, starke Geschwindigkeitsänderungen bewirken; bei vorübergehender Entlastung wird die Drehzahl unter Umständen auf das Doppelte des eingeregelten Wertes und mehr ansteigen, was beim Wiederfassen des Stahls Stöße und Brüche zur Folge haben kann. Ein Reihenschlußmotor ohne selbsttätige Regelung müßte deshalb ständig überwacht und von Hand nachgeregelt werden, was eine ganz unzulässige Inanspruchnahme des Personals bedeuten würde. Aus dem gleichen Grunde sind Asynchronmotoren mit Widerstandsregelung als Regelmotoren für Bearbeitungsmaschinen meist nicht brauchbar, ganz abgesehen von den hohen Verlusten, die sich daraus ergeben, daß die größten Drehmomente bei den niedrigsten Umlaufzahlen vorkommen.

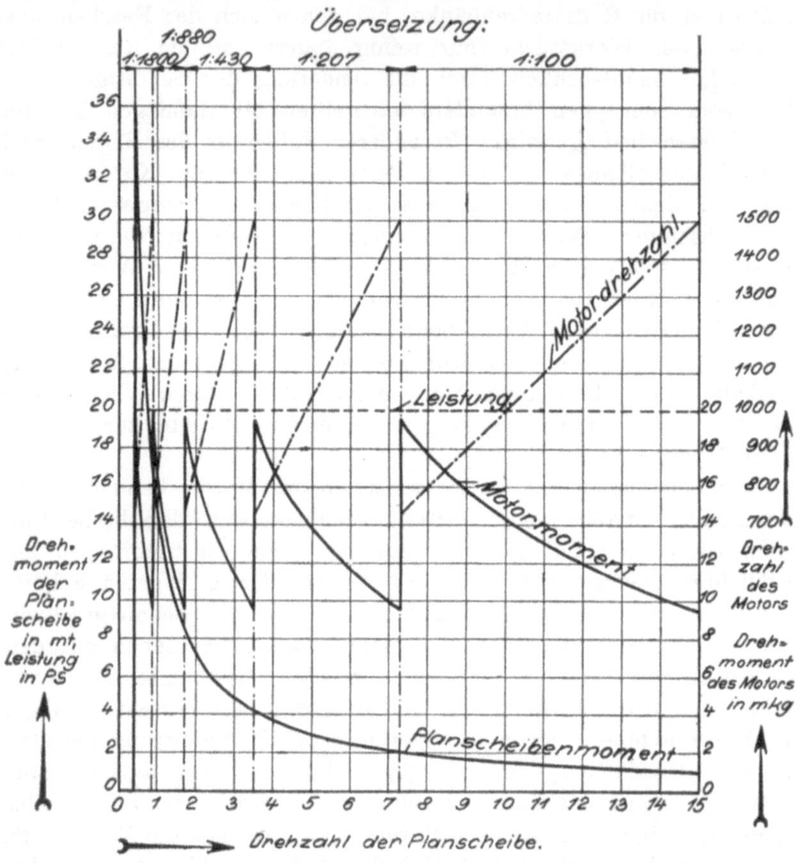

Fig. 21.

Karusselldrehbank mit Gesamtregelung 1 : 37,5; Motor mit Regelung 1 : 2,07; 5 Übersetzungen. Verteilung der Regelung auf Vorgelege und Motor.

Die Drehstrom-Kommutatormotoren treten demnach — Drehstrom wieder als vorhanden angenommen — als Regelmotoren für Bearbeitungsmaschinen ausschließlich mit den Gleichstrommotoren mit Drehstrom-Gleichstromumformer in Wettbewerb. In der Regel wird für die Umformung ein Einankerumformer zu wählen und die Regelung der Motoren durch Feldschwächung vorzunehmen sein, da diese Anordnung am einfachsten ist und den günstigsten Wirkungsgrad ergibt.

Die Motorengröße richtet sich nach dem höchsten Drehmoment, also in der Regel nach der Leistungsfähigkeit bei unterster Drehzahl. Die Modelle, deren theoretische Leistungsfähigkeit in erster Annäherung proportional mit der Drehzahl wächst, werden daher im oberen Drehzahlbereich nicht ausgenutzt. Beim Gleichstrommotor, der sich durch eine flache Wirkungsgradkurve auszeichnet, entstehen aus dieser un-

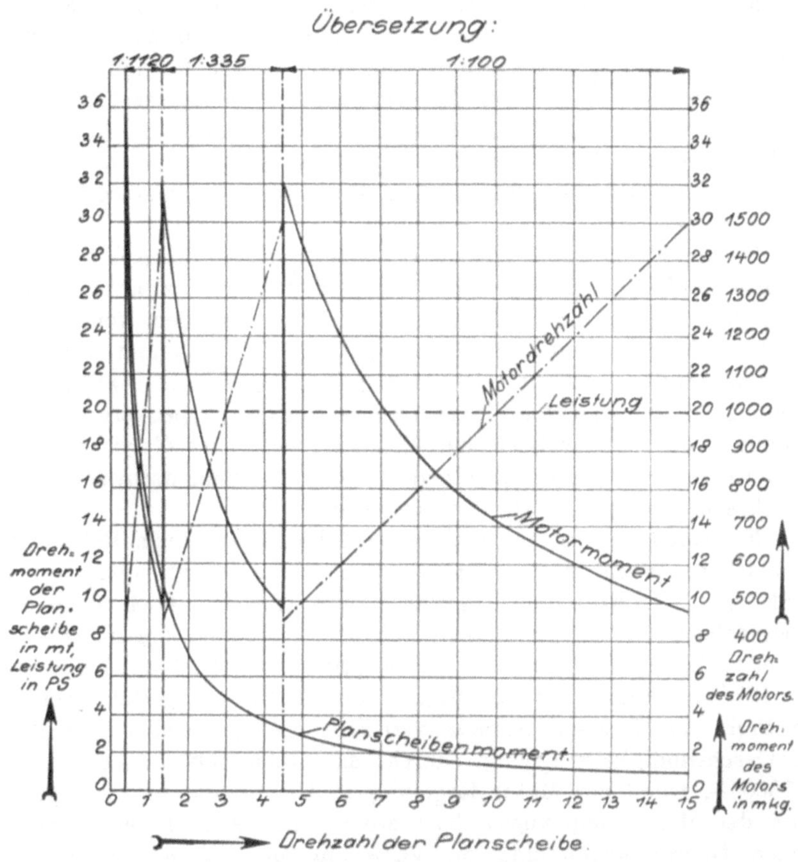

Fig. 22.

Karusselldrehbank mit Gesamtregelung 1 : 37,5; Motor mit Regelung 1 : 3,35; 3 Übersetzungen. Verteilung der Regelung auf Vorgelege und Motor.

vollständigen Ausnutzung der Type keine erheblichen Nachteile in bezug auf den Energieverbrauch. Bei den Drehstrom-Kommutatormotoren hingegen wird der Wirkungsgrad bei großen Regelbereichen mit konstanter Leistung stark beeinträchtigt; betrachtet man als Beispiel einen Fall mit einem Regelbereich von 500 bis 1500 Umdrehungen in der Minute, so wäre das Modell für die geforderte Leistung bei 500 Umdrehungen auszuwählen, Kommutator- und Bürstenbesetzung wären für den stark phasenverschobenen Strom bei dieser Drehzahl zu bemessen, und bei 1500 Umdrehungen, wo bei gleicher Leistung nur noch $^1/_3$ des vollen Drehmoments auftritt, fällt das Drehmoment der Bürstenreibung stark ins Gewicht und verschlechtert den Wirkungsgrad. Es sei hier an die Besprechung von Bild 9 erinnert. Wenngleich bei der Kleinheit der in Frage kommenden Leistungen und der meist niedrigen tatsächlichen Betriebsdauer der Bearbeitungsmaschinen der Wirkungsgrad von geringerer Bedeutung ist als bei anderen Betrieben, so ist doch in Rücksicht zu ziehen, daß Werkstätten im Durchschnitt nicht mit besonders niedrigen Energiekosten rechnen können. Die Forderung gleichbleibender Leistungsfähigkeit in einem großen Regelbereich ist also für den Energieverbrauch bei Drehstrom-Kommutatormotoren nicht günstig.

Bei der Wahl des Regelbereichs spielen ferner die Anschaffungskosten eine Rolle. Der Gleichstromregelmotor wird zwar auch vergleichsweise teurer als der ungeregelte Motor; trotzdem konnte man Regelbereiche mit konstanter Leistung von 1 : 3, 1 : 4 und mehr mit Erfolg anwenden, weil der Gleichstrommotor an sich eine billige Maschine ist, und daher die Mehrkosten infolge der Typenvergrößerung gegenüber den Ersparnissen am Getriebe wenig ins Gewicht fielen. Diese Mehrkosten werden aber beim Drehstrom-Kommutatormotor, der an sich sehr kostspielig ist, sehr bemerkbar.

Es schien von Interesse, diese Verhältnisse an einem Beispiel zu untersuchen. Dank dem Entgegenkommen der Werkzeugmaschinenfabrik Ernst Schieß in Düsseldorf kann hier ein überschläglicher Preisvergleich für eine Karusselldrehbank mit einem Leistungsbedarf von etwa 20 PS und einem Gesamtregelbereich der Planscheibe von 0,4—15 Umdrehungen in der Minute (also 1 : 37,5) angestellt werden. Der Preis der Karusselldrehbank verringert sich gegenüber dem Preis bei Geschwindigkeitsregelung durch das Rädergetriebe allein um M. 1300.—, wenn der Motor Regelung 1 : 2,07 erhält, um M. 2000.—, wenn der Motor Regelung 1 : 3,35 erhält. Die Anzahl der anzuwendenden Übersetzungen und die Verteilung der Gesamtregelung auf Motor und Rädergetriebe ergibt sich aus den Fig. 21 und 22, die unter Vernachlässigung der Reibungsverluste zwischen Motor und Planscheibe gezeichnet sind.

Durch Hinzufügung der Preise der Motoren mit Zubehör ergibt sich folgende Tabelle (s. S. 53 oben):

In diesem Falle führt also die Verwendung eines regelbaren Gleichstrommotors zu einer Verminderung, die eines regelbaren Drehstrommotors zu einer Vermehrung der Anschaffungskosten gegenüber der Anordnung mit nicht regelbarem Motor.

Motor:	Ohne Regelung	Mit Regelung 1 : 2	Mit Regelung 1 : 3,5
Leistung konstant:	20 PS	20 PS	20 PS
Bei Drehzahl:	1450 Umdrehungen	725—1450 Umdrehungen	420—1450 Umdrehungen
I. Gleichstrom.			
Preis der elektr. Ausrüstung etwa:	M. 1300.—	M. 1900.—	M. 2400.—
Ersparnis am mechanischen Teil:	—	M. 1300.—	M. 2000.—
Mehr- oder Minderpreis gegenüber Anordnung ohne Regelmotor:	—	— M. 700.—	— M. 900.—
II. Drehstrom.			
Preis der elektr. Ausrüstung etwa:	M. 1300.—	M. 3700.—	M. 4700.—
Ersparnis am mechanischen Teil:	—	M. 1300.—	M. 2000.—
Mehr- oder Minderpreis gegenüber Anordnung ohne Regelmotor:	—	+ M. 1100.—	+ M. 1400.—

Bei Antrieb von Radsatzdrehbänken mit einem Regelbereich 1 : 3,5 werden die Unterschiede zwischen Gleichstrom und Drehstrom weniger scharf wegen der schon erwähnten Verminderung des Leistungsbedarfs bei unterster Drehzahl. Der für Regelung 1 : 2 bei konstanter Leistung ausgewählte Drehstrom-Kommutatormotor gestattet nämlich eine weitere Verminderung der Drehzahl bei konstantem Drehmoment, also abnehmender Leistung, ohne weiteres, während der Gleichstrommotor entsprechend der Eigenart der Kraftflußregelung für konstante Leistung im Bereich 1 : 3,5 zu wählen ist. Infolgedessen würden in diesem Falle als Preise der elektrischen Ausrüstung M. 2400.— für Gleichstrom und M. 3700.— für Drehstrom für den gleichen Regelbereich 1 : 3,5 gegenüber zu stellen sein.

Aus dem Gesagten folgt zunächst, daß für Werkstätten, in denen eine große Anzahl von Bearbeitungsmaschinen mit Regelmotoren auszurüsten ist, und bei denen die Wahl des Stromsystems freisteht, das Gleichstromsystem wegen des besseren Wirkungsgrades und der geringeren Anlagekosten den Vorzug verdient. Ist aber durch die Verhältnisse der Anschluß an ein Drehstromnetz gegeben, so wird zu untersuchen sein, ob die Anordnung von Drehstrom-Kommutatormotoren oder von Gleichstrommotoren mit Umformern die zweckmäßigere Lösung wird.

Der Preis der Gleichstromausrüstung muß offenbar vergleichsweise um so niedriger werden, je mehr Motoren zu speisen sind, weil der Umformerpreis bei weitem nicht proportional mit der Motorenzahl steigt. Für die 20 PS-Motoren mit konstanter Leistung im Regelbereich 1 : 2 der oben aufgestellten Tabelle sind auf Abbildung 23 Kurven für die etwa zu erwartenden Kosten in Abhängigkeit von der Zahl der Motoren aufgetragen. Die für die Einankerumformer erforderlichen besonderen Transformatoren sind in den Umformerpreisen mit enthalten, dagegen ist der Anteil der Drehstrom-Kommutatormotoren an den für die ganze Werkstätte gemeinsamen Hochspannungstransformatoren nicht berücksichtigt, was sich gegen den gleichfalls nicht eingesetzten Anteil der Umformer an Grund- und Gebäudekosten etwa ausgleichen wird. Bei der Ermittelung der Umformerpreise ist angenommen, daß bei größerer Zahl der Motoren nicht mehr alle gleichzeitig voll belastet im Betrieb sind; z. B. ist bei 16 Motoren ein Umformer für 70% der installierten Motorenleistung eingesetzt worden. Zweckmäßig wird man einen Vergleich auch unter der Voraussetzung anstellen müssen, daß noch ein Reserveaggregat für den Umformer vorgesehen wird, damit nicht die Betriebsfähigkeit der Werkstatt ganz von dem einen Umformer abhängt. Nach Fig. 23 würde sich der Anschaffungspreis der elektrischen Ausrüstung für Gleichstrom bei Aufstellung nur eines Umformers schon von 3 Antrieben aufwärts billiger stellen, bei Aufstellung eines Reserveaggregats für den Umformer von 9 Antrieben aufwärts; im letzteren Falle werden die Unterschiede der Kosten nirgends erheblich. Es sei noch einmal besonders darauf hingewiesen, daß dieser Kostenvergleich gleichbleibenden Leistungsbedarf im ganzen Regelbereich voraussetzt; wo die Leistungsfähigkeit im unteren Teil des Regelbereiches abnehmen darf, wie bei Antrieb von Radsatzdrehbänken, würden die Verhältnisse sich zugunsten der Drehstrom-Kommutatormotoren verschieben.

Die Gesamtwirkungsgrade werden bei voller Belastung für Drehstrom-Kommutatormotoren und Gleichstrommotoren mit Umformern übereinstimmend etwa 80% betragen. Bei Abnahme der Belastung sinkt der Wirkungsgrad der Drehstrom-Kommutatormotoren weit mehr als der der Gleichstrommotoren; dafür sind aber auf seiten des Gleichstromsystems die Leerlaufverluste des Umformers während der Arbeitspausen zu berücksichtigen.

Unter durchschnittlichen Verhältnissen werden demnach die Anlagekosten und der Energieverbrauch bei Anwendung von Drehstrom-

Kommutatormotoren und von Gleichstrommotoren mit Umformern etwa gleich hoch; bei geringer Zahl der benötigten Regelmotoren dürften die Drehstrom-Kommutatormotoren, bei größerer Zahl dürfte Umformung auf Gleichstrom etwas vorteilhafter werden.

Von den sonstigen allgemeinen Gesichtspunkten, die nicht zu zahlenmäßigem Ausdruck gebracht werden können, sprechen die meisten für die Verwendung von Drehstrom-Kommutatormotoren. Eine Umformeranlage wird auf jeden Fall eine Komplikation für das Ganze bedeuten, die Übersichtlichkeit und Einheitlichkeit der Gesamtdisposition

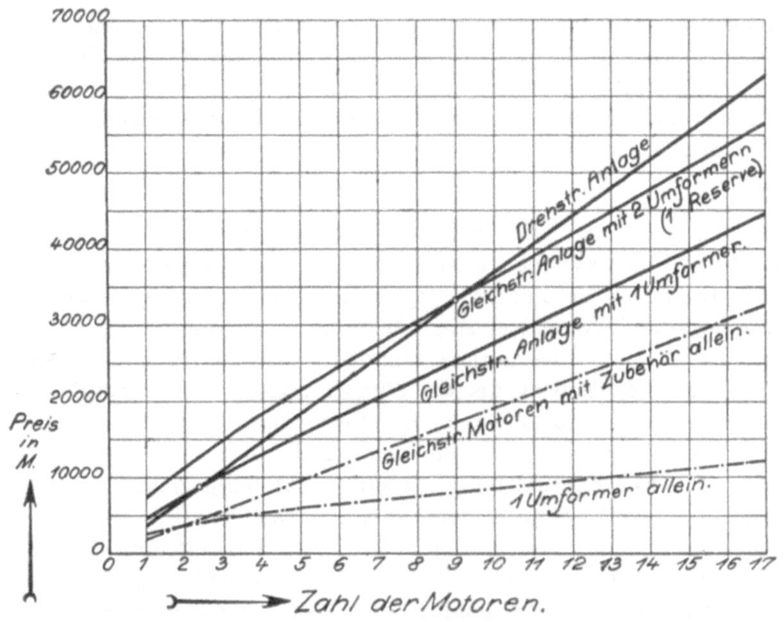

Fig. 23.
Anschaffungskosten für Gleichstromnebenschlußmotoren mit Umformern in Vergleich mit Drehstromnebenschlußmotoren.
Motorleistung 20 PS im ganzen Regelbereich 1 : 2.

beeinträchtigen und besondere Anforderungen an die Schulung und Aufmerksamkeit des Personals stellen; dagegen sind die Drehstrom-Kommutatormotoren vom Standpunkte der Installation und des Betriebes aus betrachtet gleichartige Verbraucher wie die normalen Asynchronmotoren, und ordnen sich ebenso wie diese in die Gesamtlage ein; ihre Bedienung erfordert wenige einfache Handgriffe. Die Anforderungen an Instandhaltungsarbeiten und die Kosten für Bürstenersatz werden bei ihnen allerdings etwas höher als bei Umformung auf Gleichstrom.

Den Absatz, wie ihn regelbare Gleichstrommotoren bei Bearbeitungsmaschinen gefunden haben, wird man nach Betrachtung der Tabelle auf S. 53 für die Drehstrom-Kommutatormotoren nicht erwarten können; in vielen Fällen wird bei Drehstrom der ungeregelte Motor wegen des geringeren Preises und des niedrigeren Energieverbrauches bevorzugt werden, wo bei Gleichstrom unbedingt ein regelbarer Motor Anwendung finden würde. Der Herstellung der Drehstrom-Kommutatormotoren für dieses Gebiet auf der Basis der Massenfabrikation werden sich daher manche Schwierigkeiten in den Weg stellen; um nach Möglichkeit die Voraussetzungen für eine Massenfabrikation zu schaffen, ist vor allen Dingen Beschränkung auf eine geringe Zahl von Modellen zweckmäßig; hierbei wird es mit Rücksicht auf die Preise der Maschinen empfehlenswert sein, erstens nur schnelläufige Typen zu bauen, und zweitens den Regelbereich mit gleichbleibender Leistungsfähigkeit nicht höher zu wählen als etwa 1 : 2.

Spinnmaschinen.

Bei Ring-Spinnmaschinen empfiehlt sich eine Regelung der Drehzahl im Interesse der Produktionssteigerung. Die Fadengeschwindigkeit wird zweckmäßig in jedem Augenblick so groß gewählt, daß die Häufigkeit der Fadenbrüche gerade innerhalb der zulässigen Grenzen bleibt. Während des Bewickelns der Spulen ändert sich ständig der Bewicklungshalbmesser, also auch die Beziehung zwischen Fadengeschwindigkeit einerseits und Spindeldrehzahl und Motordrehzahl andererseits. Die Fadengeschwindigkeit kann nicht völlig gleichbleibend gewählt werden, weil je nach dem gerade erreichten Bewicklungshalbmesser der Winkel zwischen dem Faden und der augenblicklichen Bewegungsrichtung des Läufers auf dem Ring verschieden groß wird, was zu Änderungen der Reibungskräfte und damit der Fadenspannung führt. Die richtige Wahl des Geschwindigkeitsverlaufs läßt sich angesichts dieser etwas unübersichtlichen Beziehungen nur auf Grund von Versuchen vornehmen; das Organ zur selbsttätigen Steuerung des als zweckmäßig erkannten Geschwindigkeitsverlaufs ist der Spinnregler, der die Drehzahl des Antriebsmotors in Abhängigkeit von der zurückgelegten Zahl von Umläufen der Spindeln, zu welcher der Bewicklungshalbmesser in Beziehung steht, derart einstellt, daß die höchstzulässige Fadengeschwindigkeit jederzeit erreicht wird. Den Spinnregler läßt man bei Gleichstrommotoren auf den Regelwiderstand der Feldwicklung, bei Wechselstrom- und Drehstrom-Kommutatormotoren auf die Bürstenstellung einwirken.

Weiter ist noch eine gewisse Anpassung der mittleren Drehzahl, um die sich das oben beschriebene Spiel der Regelung bewegt, an die Erfordernisse der verschiedenen Garnnummern zweckmäßig.

Beide Forderungen zusammen führen zur Verwendung von Motoren mit einem Regelbereich von etwa 1 : 1,5 bis 1 : 2,5. Für die Berechnung des Energieverbrauchs kann man annehmen, daß die Motoren bei jeder Drehzahl und dauernd gut ausgenutzt arbeiten.

Der Entscheidung zwischen regelbaren Gleichstrom- und Drehstrommotoren wird in jedem Falle ein eingehendes Studium der besonderen Verhältnisse der Anlage vorausgehen müssen. In Anbetracht der guten Belastung kann man für die Drehstrom-Kommutatormotoren der in Frage kommenden Größe von etwa 10 PS einen mittleren Wirkungsgrad von etwa 82% einschließlich Zwischentransformator annehmen, für die Gleichstrommotoren etwa 87%. Wird die Energie aus einem größeren Drehstromnetz entnommen, so wird für die Umformung ein Einankerumformer von etwa 93% Wirkungsgrad erforderlich, für Motoren und Umformer zusammen ergeben sich also 81%. Ein Haupttransformator wird im allgemeinen im einen wie im anderen Falle notwendig sein, da man auch bei Verwendung von Drehstrom-Kommutatormotoren keine hohe Verteilungsspannung innerhalb der Fabrikräume wählen kann. Der Energieverbrauch wird also in beiden Fällen ungefähr der gleiche. Die Anschaffungskosten werden unter der Annahme zu vergleichen sein, daß für die Einankerumformer volle Reserve vorhanden sein muß; der Verlauf des Leistungsbedarfs abhängig von der Drehzahl dürfte etwa in der Mitte zwischen den Fällen gleicher Leistung und gleichen Drehmoments im Regelbereich liegen. Es wurde nun auf Fig. 23 gezeigt, daß bei Nebenschlußmotoren und gleichbleibender Leistung im Regelbereich die Gesamtkosten für Gleichstrom- und Drehstromanlagen nicht sehr verschieden werden; erinnert man sich weiter daran, daß Drehstrom-Reihenschlußmotoren, die für die ziemlich gleichmäßig belasteten Spinnmaschinen durchaus verwendbar sind, billiger werden als Drehstrom-Nebenschlußmotoren, und daß die Drehstrom-Kommutatormotoren hinsichtlich der Modellgröße gegenüber den Gleichstrommotoren günstiger werden, wenn der Leistungsbedarf bei abnehmender Drehzahl sinkt, so kann man folgern, daß hier in der Regel die Kosten der Drehstromausrüstung niedriger werden dürften, wenn auch nicht viel.

Handelt es sich um eine Anlage, die ihre elektrische Energie selbst erzeugt, so wird für die Wahl der Stromart auch die Rücksicht auf die nicht zu regelnden Motoren mitsprechen. Wo keine Regelung erforderlich ist, läßt sich mit Asynchronmotoren ein 2—3% höherer Wirkungsgrad erzielen als mit Gleichstrommotoren. Für eine größere Fabrik, beispielsweise eine vereinigte Spinnerei und Weberei, wird daher der Gesamtenergieverbrauch bei Drehstrom- und bei Gleichstromverteilung ziemlich derselbe sein, weil sich der Mehrverbrauch der Kommutatormotoren und der Minderverbrauch der Asynchronmotoren gegenüber den Gleichstrommotoren ziemlich ausgleichen werden. Der geringste Energieverbrauch für die Motoren selbst würde sich ergeben, wenn im Kraftwerk für die regelbaren Motoren Gleichstrom, für die nicht regelbaren Drehstrom erzeugt wird: durch die Aufstellung von Gleichstrom- und Drehstrom-Generatoren mit den nötigen Reserven und die entsprechende Ausgestaltung der Schaltanlage wird aber die Zentrale erheblich kompliziert und auch verteuert; auch wird der Wirkungsgrad der Generatoren durch die Verkleinerung der Maschineneinheiten etwas vermindert. Dazu kommt noch die Umständlichkeit eines doppelten Leitungsnetzes. Aus diesen Gründen dürfte sich die Erzeugung nur einer Stromart empfehlen, und mit Rücksicht auf die größere Unabhängigkeit in den Gebäudeentfernungen, ferner wegen der Anschlußmöglichkeit an bestehende Netze und die dadurch gegebene Reserve wird die Entscheidung in der Regel zugunsten des Drehstroms ausfallen.

Die weitere Frage, ob dann für die Regelmotoren Umformung auf Gleichstrom in den einzelnen Verteilungsbezirken gewählt werden soll oder nicht, ist wieder auf den zuerst besprochenen Fall zurückzuführen.

Bei Spinnereien dürfte demnach zwar der wirtschaftliche Vorteil durch die Einführung der Drehstrom-Kommutatormotoren gegenüber der Umformung auf Gleichstrom nicht sehr erheblich sein. Dagegen bleiben bei ihrer Verwendung die Krafterzeugungsanlage und das Verteilungsnetz einfach und übersichtlich, weil die Anordnung von zwei verschiedenen Stromsystemen vermieden wird. Dieser Vorteil vermindert die Ansprüche an Bedienung und ermöglicht größere Ungezwungenheit in der räumlichen Verteilung der regelbaren Motoren.

Erwähnt sei noch die Verwendung von Einphasen-Repulsionsmotoren, die eine den Drehstrom-Kommutatormotoranlagen annähernd gleichwertige Lösung ergibt. Bei der Gleichmäßigkeit des Betriebes und der in der Regel großen Zahl von Motoren treten Ungleichheiten in der Belastung der drei Phasen kaum auf. Die Repulsionsmotoren werden, obwohl sie elektrisch weniger ausnutzbare Maschinen sind und daher im Modell größer werden, infolge Fortfalls des Zwischentransformators mit Anschlüssen billiger, haben dafür aber einen etwas höheren Energieverbrauch und einen niedrigeren Leistungsfaktor als die Drehstrom-Kommutatormotoren.

B. Umkehr- und Anlaufantriebe.

Fördermaschinen.

Als Fördermotor ist der Drehstrom-Kommutatormotor in Vergleich zu stellen mit dem Asynchronmotor und dem Leonardantrieb.

Die Vorzüge des Asynchronmotors bestehen in der Einfachheit der Gesamtanlage und den dadurch bedingten niedrigen Anschaffungskosten. Nachteilig sind bei ihm die hohen Anfahrverluste, die Schwierigkeit der Einstellung anderer Geschwindigkeiten als der synchronen und die Unmöglichkeit, den Motor durch elektrische Bremsung stillzusetzen.

Die Leonardschaltung ermöglicht eine sehr genaue Beherrschung der Geschwindigkeit, auch in der Anfahr- und Verzögerungsperiode; durch besondere Hilfsmaschinen läßt sich der Spannungsabfall von Leerlauf bis Vollast in seiner Einwirkung auf die Geschwindigkeit fast vollständig kompensieren, so daß die Geschwindigkeit sehr genau durch die Stellung des Steuerapparats bestimmt ist; daraus ergibt sich die Möglichkeit, die Einhaltung eines bestimmten Geschwindigkeitsverlaufes durch Einwirkung eines Teufenzeigers auf den Steuerapparat zu erzwingen. Hierauf beruhen die Hauptvorzüge der Leonardschaltung, hohe Betriebssicherheit und Zeitausnutzung. Als weitere Vorzüge sind die niedrigeren Anfahrverluste, die geringere Höhe und der weichere Verlauf der Belastungsspitzen zu nennen. Nachteilig sind der niedrige Wirkungsgrad bei voller Geschwindigkeit und die hohen Anlagekosten.

Durch die Einführung der Drehstrom-Kommutatormotoren und der ihnen betriebstechnisch gleichwertigen Doppelrepulsionsmotoren versuchte man Lösungen für den Fördermaschinenantrieb zu finden, welche die Vorteile des Asynchronmotors und der Leonardschaltung möglichst in sich vereinen sollten. Die nachfolgenden Untersuchungen bezwecken, Anhaltspunkte für die Beurteilung der Frage zu gewinnen, wo die Kommutatormotoren in Förderanlagen am Platze sind.

Ein Vergleich zwischen den drei Systemen in bezug auf ihre Wirtschaftlichkeit bietet einige Schwierigkeiten, einmal wegen der vielen Variationen, die sich je nach der Disposition der Förderanlagen ergeben, und sodann, weil die Anordnung des elektrischen Teils bei den drei Systemen verschieden werden muß, wenn man bei jedem die ihm eigenen Vorzüge ausnutzen will. Die Variationen, die mit der Disposition der Anlage zusammenhängen, entstehen durch die Verschiedenheiten in der Größe der Nutzlast, der Wagenzahl, der Zahl der Abzugsbühnen, der Teufe, der Höchstgeschwindigkeit, ferner des Systems der Fördermaschine, der Benutzungszeiten für Materialförderung, Einhängen, Seilfahrt usw. Die Eigenarten der elektrischen Antriebssysteme sind von Einfluß auf die Wahl der Übersetzung zwischen Motor und Fördermaschine und auf den Entwurf des Förderdiagramms.

Um trotz dieser Mannigfaltigkeit der möglichen Verhältnisse zu einem Überblick zu gelangen, ist nur der Weg gangbar, einen typischen Fall herauszugreifen und zu untersuchen, und sich bezüglich der übrigen Fälle mit der Kennzeichnung der Einflüsse zu begnügen, die das Ergebnis verändern.

Vorweg sei die Wahl der Fahrdiagramme und ihr Einfluß auf die Wirtschaftlichkeit besprochen. Dieser Einfluß kommt unmittelbar beim Energieverbrauch zur Geltung, hat aber auch Bedeutung für die Bemessung der Zuleitungen und des Kraftwerkes.

Beim Entwurf der Fahrdiagramme für Fördermaschinen, die üblicherweise durch eine Kurve Geschwindigkeit über Zeit dargestellt werden, legte man bislang in der Regel die Trapezform zugrunde. Diese Form stellt dasjenige Diagramm dar, das bei gegebener größter Beschleunigung, größter Geschwindigkeit und größter Verzögerung die geringste Fahrzeit, also die höchste Ausnutzung der Förderanlage ergibt. Im Interesse geringen Energieverbrauchs ist dies Diagramm für den Asynchronmotor auch durchaus am Platze, wie aus folgender Überlegung hervorgeht: Während der Beschleunigungsperiode des Asynchronmotors — wie überhaupt jedes mit Widerständen im Ankerstromkreis geregelten Motors — wird etwas mehr als die Hälfte der vom Netz aufgenommenen Energie vernichtet. Der Wirkungsgrad während der Beschleunigungsperiode ist also etwas niedriger als 0,5. Nennt man den gesamten statischen Zug auf das Seil reduziert, bestehend aus dem Zuge der Last und sämtlichen der Einfachheit halber als konstant angenommenen Reibungswiderständen, Z_{stat}, und den während der Beschleunigungsperiode zurückgelegten Weg s_b, die auf das Seil reduzierten Massen M und die Höchstgeschwindigkeit des Seiles v_{max}, so ist bei Maschinen mit Seilausgleich die während dieser Periode vom Motor abgegebene Arbeit

$$A_b = Z_{stat} \cdot s_b + \frac{M \cdot v_{max}^2}{2} \qquad 19)$$

Die Hubarbeit in der Beschleunigungsperiode $Z_{stat} \cdot s_b$, die mit schlechtem Wirkungsgrad geleistet wird, wird also um so geringer, je kleiner s_b ist, demnach je größer die Beschleunigung während der Anfahrt ist. Je mehr man die Beschleunigung vergrößert, ein desto größerer Anteil der Hubarbeit wird auf die durch hohen Wirkungsgrad ausgezeichnete Vollfahrtperiode übertragen, und desto höher wird der Gesamtwirkungsgrad des Förderzuges.

Diese Rücksicht fällt bei Leonardantrieben wie bei Drehstrom-Kommutatormotoren weit weniger ins Gewicht, da bei beiden die Anfahrverluste viel geringer sind. Während beim Asynchronmotor die Leistungsaufnahme nicht mit von der Drehzahl, sondern nur vom Drehmoment abhängt, so daß beispielsweise beim Anfahren mit dem 2,5fachen Wert des normalen Drehmoments die Leistungsaufnahme bei jeder Geschwindigkeit das 2,5fache der normalen beträgt, ist die Leistungsaufnahme des Kommutatormotors und Leonardantriebs bei niedrigen Drehzahlen auch bei Ausübung hoher Drehmomente ziemlich gering, z. B. im Momente des Anspringens etwa das 0,4—0,5fache der normalen Leistung. Während also das Belastungsdiagramm des Asynchronmotors beim Anspringen mit der vollen Spitzenleistung einsetzt, steigt beim Kommutatormotor und Leonardantrieb die Leistung von einem mäßig großen Anfangswert bei zunehmender Drehzahl allmählich auf den Höchstwert. Es liegt infolgedessen bei diesen beiden Systemen nahe, den Höchstwert der Belastungsaufnahme dadurch zu begrenzen,

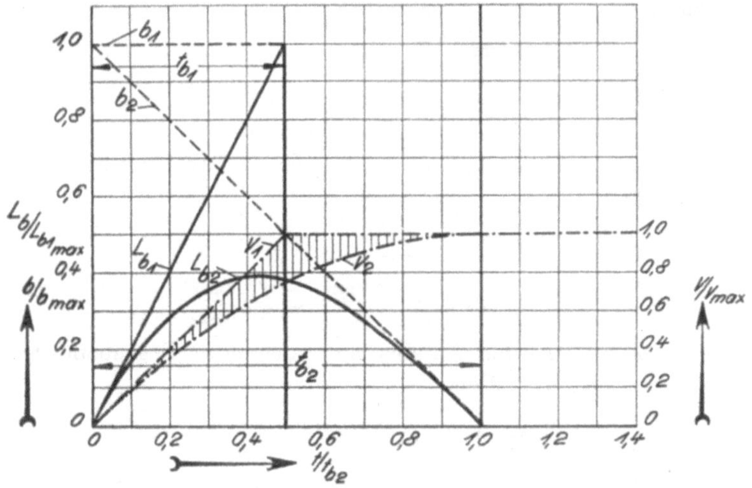

Fig. 24.
Anfahrdiagramm für konstante und für linear abnehmende Beschleunigung.

daß man bei zunehmender Geschwindigkeit die Beschleunigung abnehmen läßt. Beim Asynchronmotor würde eine derartige Maßnahme den Energieverbrauch erhöhen und hätte auch wenig Sinn, da kaum Gründe dafür zu finden wären, die Belastungsspitze, die im ersten Augenblick der Anfahrt doch einmal in voller Höhe einsetzt und bei der Bemessung der Leitungen und des Kraftwerkes berücksichtigt werden muß, im weiteren Verlaufe der Anfahrt zu verringern.

Sehr zweckmäßig erscheint für Kommutatormotor und Leonardantrieb die Annahme eines Förderdiagramms, bei dem die Beschleuninung linear mit der Zeit von ihrem Höchstwerte bei Beginn der Beschleunigungsperiode bis auf den Wert Null am Ende der Beschleunigungsperiode abnimmt. Fig. 24 zeigt ein Anfahrdiagramm mit konstanter Beschleunigung (Index 1) in Vergleich mit einem Anfahrdiagramm mit linear abnehmender Beschleunigung (Index 2). v_1 und v_2 bedeuten die Geschwindigkeiten, b_1 und b_2 die Beschleunigungen, L_{b_1} und L_{b_2} die Beschleunigungsleistungen; t_{b_1} und t_{b_2} seien die Zeiten, s_{b_1} und s_{b_2} die Wege während der Beschleunigungsperiode.

Offenbar tritt bei dem Diagramm mit abnehmender Beschleunigung, bei dem v nach einer Parabel ansteigt, deren Scheitel am Ende der Beschleunigungszeit erreicht wird, ein Zeitverlust ein gegenüber dem Diagramm mit konstanter Beschleunigung, bei dem v linear zunimmt, weil bis zur Zeit t_{b_2} ein geringerer Weg zurückgelegt ist. Diesen Verlust an Weg deutet die senkrecht schraffierte Fläche der Abbildung an. Der Zeitverlust errechnet sich wie folgt:

Für Diagramme mit konstanter Beschleunigung gelten die Gleichungen:

$$t_{b_1} = \frac{v_{max}}{b_{max}} \tag{20}$$

$$s_{b_1} = t_{b_1} \cdot \frac{v_{max}}{2} = \frac{v_{max}^2}{2 \cdot b_{max}} \tag{21}$$

Für Diagramme mit linear abnehmender Beschleunigung die Gleichungen:

$$t_{b_2} = 2 \cdot \frac{v_{max}}{b_{max}} \tag{22}$$

$$s_{b_2} = t_{b_2} \cdot \frac{2 \cdot v_{max}}{3} = \frac{4 \cdot v_{max}^2}{3 \cdot b_{max}} \tag{23}$$

Bis zu der Zeit t_{b_2} ist bei Anfahrt mit konstanter Beschleunigung zurückgelegt worden der Weg

$$s_{b_1} + v_{max} \cdot \frac{t_{b_2}}{2} = \frac{3 \cdot v_{max}^2}{2 \cdot b_{max}} \tag{24}$$

Die Differenz zwischen Gleichung 23 und 24 beträgt $\frac{v_{max}^2}{6 \cdot b_{max}}$. Diese Wegdifferenz kann durch Verlängerung der Fahrzeit bei voller Geschwindigkeit ausgeglichen werden; der Zeitverlust beträgt dann $\frac{v_{max}}{6 \cdot b_{max}}$. Ist beispielsweise $v_{max} = 10$ m/sec. und $b_{max} = 1$ m/sec.^{2}, so beträgt der Zeitverlust 1,67 sec. Dieser Zeitverlust ist also praktisch nicht bedeutend, so daß vom Gesichtspunkte möglichst hoher Ausnutzung der Anlage gegen das Diagramm mit abnehmender Beschleunigung keine erheblichen Einwendungen bestehen. Zudem bleibt die Möglichkeit, ihn durch eine geringfügige Steigerung der Höchstgeschwindigkeit auszugleichen.

Auf Fig. 24 ergibt sich für die reinen Beschleunigungsleistungen, daß bei linear abnehmender Beschleunigung die Spitze nur 39% von derjenigen bei gleichbleibender Beschleunigung beträgt. Dies gilt für den extremen Fall, daß die statischen Kräfte (Zug der Last + Reibungswiderstände) gegenüber den dynamischen Kräften verschwindend klein sind. Kommt bei der Anfahrperiode ein nennenswerter Leistungsbetrag für die Überwindung der statischen Widerstände hinzu, so ist der Unterschied weniger groß.

Fig. 25 zeigt die Anfahrspitzen, die sich bei Verwendung eines Kommutatormotors und Wahl eines Diagramms mit abnehmender Beschleunigung ergeben, in Vergleich mit der Anfahrspitze des Asynchronmotors, die gleich 1,0 gesetzt ist, bei verschiedenen Werten des Verhältnisses des dynamischen zum statischen Widerstand.

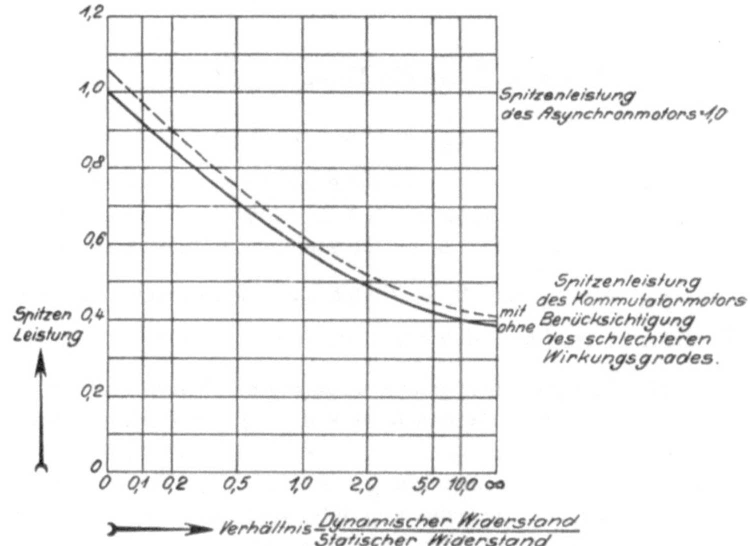

Fig. 25.
Anfahrspitzen bei Diagrammen mit linear abnehmender Beschleunigung.

Die Punkte dieser Kurve sind folgendermaßen berechnet:

Während der Anfahrperiode ist die Leistung an der Motorwelle in jedem Augenblicke, wenn C eine Konstante bedeutet,

$$\begin{aligned} L &= (Z_{stat} + Z_{dyn}) \cdot v \cdot C \\ &= (Z_{stat} + M \cdot b) \cdot v \cdot C \end{aligned} \qquad 25)$$

Die statischen Kräfte Z_{stat} sollen der Einfachheit halber wieder als unabhängig von der Geschwindigkeit und Teufe angesehen werden. Beim Asynchronmotor mit gleichbleibender Anfahrbeschleunigung ist die Leistungsspitze während der ganzen Dauer der Beschleunigungsperiode

$$\begin{aligned} L_{max} &= (Z_{stat} + Z_{dyn}) \cdot v_{max} \cdot C \\ &= (Z_{stat} + M \cdot b_{max}) \cdot v_{max} \cdot C \end{aligned} \qquad 26)$$

Beim Kommutatormotor mit abnehmender Beschleunigung ist

$$b = b_{max} \cdot \frac{t_b - t}{t_b} \qquad 27)$$

$$v = b_{max} \cdot t - \frac{b_{max} \cdot t^2}{2 \cdot t_b} \qquad 28)$$

In Gleichung 25 läßt sich nun bei Annahme bestimmter Verhältnisse x für den Koeffizienten $\frac{Z_{dyn}}{Z_{stat}}$, die auf Abbildung 25 als Abszissen aufgetragen sind, der Wert Z_{stat} als $\frac{1}{x}$ faches des Wertes $M \cdot b_{max}$ ausdrücken.

Gleichung 25 erhält daher die Form

$$L = \left(\frac{1}{x} \cdot M \cdot b_{max} + M \cdot b\right) \cdot v \cdot C \qquad 29)$$

Für x kann man nun verschiedene Zahlenwerte einsetzen. Unter Benutzung der Gleichungen 27 und 28 läßt sich aus Gleichung 29 L als Funktion lediglich der Zeit t darstellen. Differenziert man L nach t und setzt man $\frac{dL}{dt} = 0$, so findet man die Zeitwerte, bei denen L sein Maximum erreicht, und kann alsdann L_{max} selbst berechnen.

Die hiernach bestimmte ausgezogene Kurve von Bild 25 bedarf insofern noch einer kleinen Korrektur, als der Wirkungsgrad des Kommutatormotors niedriger ist als der des Asynchronmotors; die gestrichelte Kurve der Abbildung berücksichtigt diesen Unterschied. — Das Ergebnis der Untersuchung läßt sich kurz dahin zusammenfassen, daß für die am häufigsten vorkommenden Fälle, bei denen das Verhältnis der dynamischen zu den statischen Kräften etwa 1,0—2,0 beträgt, die vom Kommutatormotor verursachte Belastungsspitze nur ungefähr das 0,6—0,5 fache derjenigen des Asynchronmotors ausmacht, wenn man bei beiden Motoren die für sie zweckmäßigsten Fahrdiagramme wählt.

Nunmehr soll untersucht werden, wann sich Energieersparnisse durch Anwendung eines Kommutatormotors erwarten lassen. Im Interesse der Einfachheit und Übersichtlichkeit der Rechnung sei wiederum vorausgesetzt, daß die Fördermaschine vollkommenen Seilausgleich durch Unterseil hat, und ferner angenommen, daß für die Verzögerungsperiode freier Massenauslauf, also ohne Bremsung durch Energierücklieferung oder Energievernichtung, gewählt werden kann. Weiter sollen die Reibungswiderstände als unabhängig von der Geschwindigkeit betrachtet werden. Bezeichnet η_{mech} den gesamten mechanischen Wirkungsgrad, gerechnet von der Motorwelle bis zur

Nutzlast, so wird die auf die Seilachse umgerechnete gesamte statische Zugkraft, die der Motor zu überwinden hat,

$$Z_{stat} = \frac{\text{Nutzlast}}{\eta_{mech}}. \tag{30}$$

Aus der Voraussetzung des freien Massenauslaufs folgt dann, daß die Arbeit während der Verzögerungsperiode $Z_{stat} \cdot s_v$ von der Energie der bewegten Massen gedeckt wird. Diese Massenenergie wird aber während der Beschleunigungsperiode erzeugt. Somit wird die während der Verzögerungsperiode verbrauchte Arbeit vom Motor während der Beschleunigungsperiode geleistet, und daher mit dem für diese Periode maßgeblichen Wirkungsgrad. Berechnet man nun die Wege für die Beschleunigungs-, Fahrt- und Verzögerungsperiode, s_b, s_f und s_v, und die mittleren Motorwirkungsgrade während der Beschleunigungs- und Fahrperiode, η_b und η_f, so wird die vom Netz entnommene Arbeit während des ganzen Förderzuges

$$A_n = Z_{stat} \cdot \left(\frac{s_b + s_v}{\eta_b} + \frac{s_f}{\eta_f}\right) \tag{31}$$

Die Arbeit an der Welle des Motors ist, wenn s die gesamte Teufe bedeutet,

$$A_w = Z_{stat} \cdot s \tag{32}$$

Der elektrische Wirkungsgrad des ganzen Förderzuges wird daher

$$\eta_{electr.} = \frac{s}{\frac{s_b + s_v}{\eta_b} + \frac{s_f}{\eta_f}} \tag{33}$$

und der Gesamtwirkungsgrad

$$\eta_{ges} = \eta_{mech} \cdot \frac{s}{\frac{s_b + s_v}{\eta_b} + \frac{s_f}{\eta_f}} \tag{34}$$

Zur Ermittelung der mittleren elektrischen Wirkungsgrade in der Beschleunigungsperiode sind die Schaubilder 26 und 27 für eine größte Anfahrzugkraft vom 2fachen und vom 2,5fachen Wert der bei voller Geschwindigkeit erforderlichen Zugkraft entworfen, unter Annahme von Motorleistungen von etwa 250 PS. Die praktisch vorkommenden Fälle liegen meist innerhalb dieser beiden Grenzen. Für den Asynchronmotor ist konstante Beschleunigung angenommen (Werte mit Index 1), für den Kommutatormotor und den Leonardantrieb linear abnehmende Beschleunigung (Werte mit Index 2). L_w bedeutet wieder die Leistung an der Welle, L_n die Leistung am Netz, und zwar L_{n_a}, L_{n_k} und L_{n_l} für Asynchronmotor, Kommutatormotor, Leonardantrieb. Aus den Verhältnissen der Flächen für die abgegebenen und aufgenommenen Leistungen findet man in Fig. 26 und 27 mit ziemlicher Übereinstimmung folgende Wirkungsgrade:

	Asynchronmotor	Kommutatormotor	Leonardantrieb
η_b	0,45	0,80	0,735

Dagegen wird der elektrische Wirkungsgrad bei voller Geschwindigkeit:

η_f	0,925	0,87	0,77.

Bemerkt sei, daß bei dieser Berechnung für alle drei Antriebsarten zur Schaffung einer Vergleichsbasis gleiche Motordrehzahlen und gleiche Vorgelege angenommen wurden, so daß η_{mech} und Z_{stat} gleich wurden. Diese Annahme entspricht den praktischen Verhältnissen nicht, da man

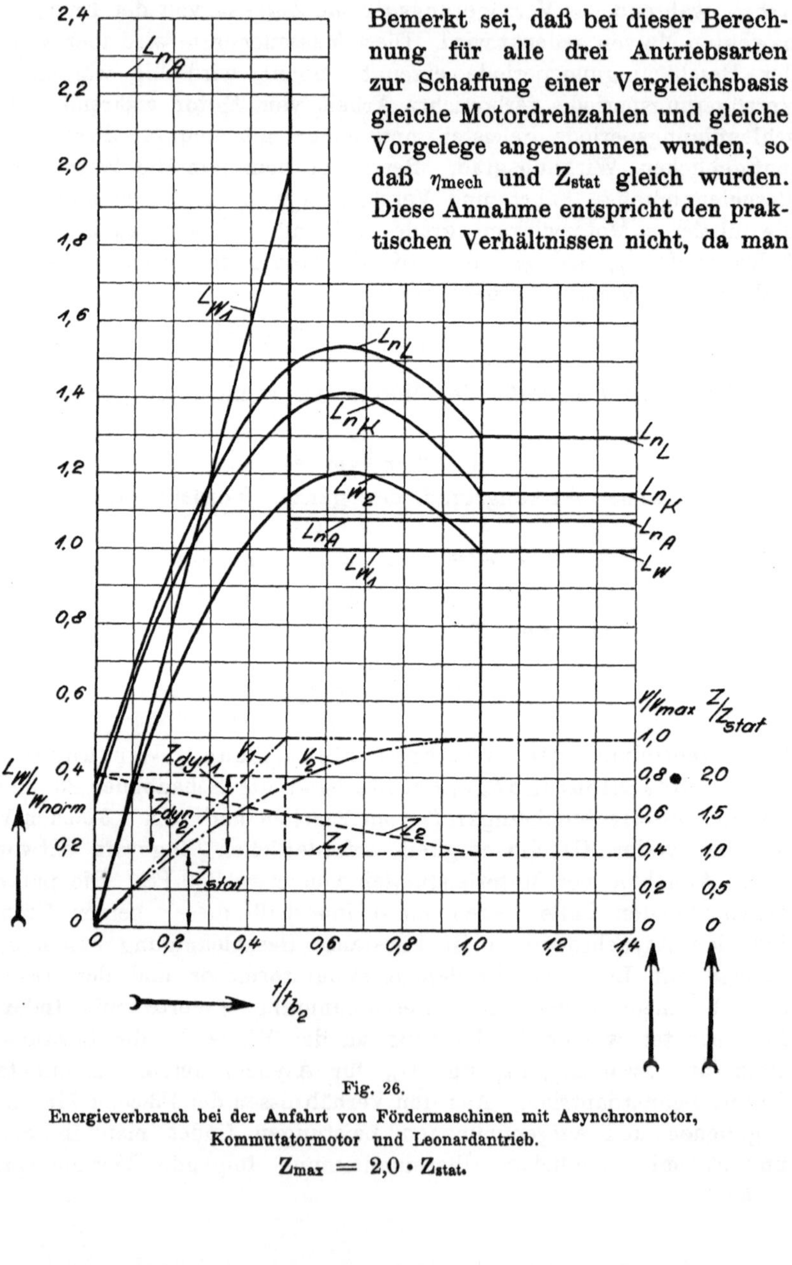

Fig. 26.

Energieverbrauch bei der Anfahrt von Fördermaschinen mit Asynchronmotor, Kommutatormotor und Leonardantrieb.

$Z_{max} = 2{,}0 \cdot Z_{stat}$.

zwar den Asynchronmotor mit Rücksicht auf seinen Leistungsfaktor und den Kommutatormotor mit Rücksicht auf seinen Preis für hohe Drehzahl bauen und ein Vorgelege antreiben lassen wird, dagegen den Gleichstrommotor des Leonardantriebes zur Verminderung der Massenkräfte in der Regel für niedrige Drehzahlen und unmittelbare Kupplung mit der Förderwelle auswählt. Hierdurch wird der mechanische Wirkungsgrad der Anlage mit Leonard-

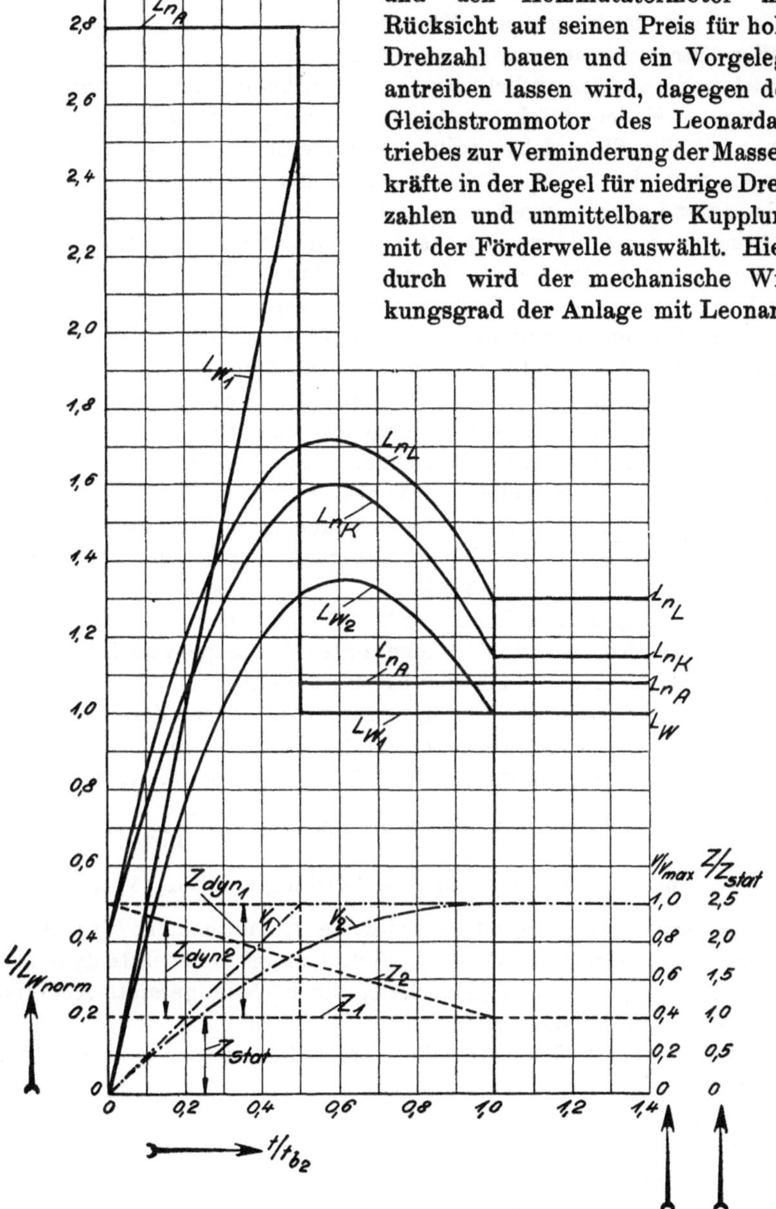

Fig. 27.
Energieverbrauch bei der Anfahrt von Fördermaschinen mit Asynchronmotor, Kommutatormotor und Leonardantrieb.

$Z_{max} = 2{,}5 \cdot Z_{stat}.$

antrieb erhöht, dafür aber der elektrische Wirkungsgrad, namentlich in der Beschleunigungsperiode, verschlechtert, weil bei langsam laufenden Motoren mit ihrem größeren Kupfervolumen bei hohen Drehmomenten größere Stromwärmeverluste auftreten. Für die Anlage mit Leonardantrieb wird also eigentlich der Gesamtwirkungsgrad bei voller Fahrt günstiger, bei der Anfahrt dagegen ungünstiger anzunehmen sein, als sich nach Fig. 26 und 27 ergibt. Die hieraus entstehenden Verschiebungen sind aber nicht erheblich genug, um den Energieverbrauch der Anlage mit Leonardantrieb unter den der Anlage mit Kommutatormotor zu bringen, zumal da noch die auf ungefähr $8^0/_0$ der normalen Dauerleistung zu veranschlagenden Leerlaufverluste des Umformers während der Förderpausen mit in Rechnung zu setzen sind.

Der Kommutatormotor ist also dem Leonardantrieb im Wirkungsgrad während der Anfahr- und Fahrperiode überlegen.

Dagegen zeigt sich beim Vergleich der Wirkungsgrade des Kommutatormotors und des Asynchronmotors, daß ein ganz verschiedenes Ergebnis zu erwarten ist, je nachdem das Verhältnis des bei voller Geschwindigkeit zurückgelegten Weges zu dem während der Beschleunigungs- und Verzögerungsperiode zurückgelegten Weg groß oder klein ist; dieses Verhältnis ist aber offenbar abhängig von der Höchstgeschwindigkeit und von der Teufe.

Eine Vergleichsrechnung soll im folgenden für eine Fördermaschine mit Körben für 4 Wagen unter Annahme verschiedener Geschwindigkeiten und Teufen durchgeführt werden.

Die Höchstdrehzahl der Motoren sei in jedem Falle zu 365 angenommen. Der gesamte mechanische Wirkungsgrad einschließlich Vorgelege sei durchschnittlich 0,78. Die Nutzlast sei 2,8 t, die statische Zugkraft auf das Seil reduziert wird dann $Z_{stat} = \frac{2,8 \text{ t}}{0,78} = 3,6 \text{ t}$. Die Motoren sind überschläglich für eine Leistung von $Z_{stat} \cdot v_{max} \cdot \frac{1000}{75}$ PS zu bemessen. Das erreichbare 2,5fache Anfahrmoment der Motoren werde beim Anspringen voll ausgenutzt, dann ist die höchste dynamische Zugkraft $Z_{dyn_{max}} = 1,5 \cdot Z_{stat} = 5,4$ t, die höchste gesamte Anfahrzugkraft $Z_{max} = 2,5 \cdot Z_{stat} = 9,0$ t.

Die bewegten Gewichte auf das Seil reduziert seien bei 500 m Teufe:

Nutzlast	2,8 t
2 Körbe	6,0 t
8 Wagen	3,2 t
Tragseil und Unterseil	6,5 t
Mittleres Gewicht zwischen Trommel und Treibscheibe, 7000 mm Durchmesser	11,5 t
2 Seilscheiben 6000 mm Durchmesser	7,0 t
Summe ausschließlich Motoranker und Vorgelege	37,0 t

Die auf das Seil reduzierten Gewichte von Motoranker und Vorgelege und die Höchstwerte der Beschleunigungen ergeben sich bei den nachfolgend angenommenen höchsten Seilgeschwindigkeiten von 3, 6, 9 und 12 m/sek. wie folgt:

v_{max}	3	6	9	12	m/sek.
Motordrehzahl	365	365	365	365	/min.
Trommel- oder Treibscheibendrehzahl . .	8,2	16,4	24,6	32,8	/min.
Übersetzung	1 : 44	1 : 22	1 : 15	1 : 11	
Normalleistung etwa .	144	288	432	576	PS
	Asynchronmotor:				
Motor-Schwungmoment	0,6	1,2	2,5	3,0	tm²
Reduzierte Gewichte:					
Motor	24,0	11,9	11,5	7,4	t
Vorgelege	12,5	6,4	5,7	3,7	t
Übrige Teile	37,0	37,0	37,0	37,0	t
Zusammen	73,5	55,3	54,2	48,1	t
Reduzierte Massen . .	7,50	5,65	5,55	4,90	tsek²/m
$b_{max} = \frac{5{,}4\ t}{\text{Massen}}$ . . .	0,72	0,95	0,97	1,10	m/sek²
	Kommutatormotor:				
Motor-Schwungmoment	0,9	1,8	3,8	4,6	tm²
Reduzierte Gewichte:					
Motor	35,5	17,8	17,5	11,4	t
Vorgelege	12,5	6,4	5,7	3,7	t
Übrige Teile	37,0	37,0	37,0	37,0	t
Zusammen	85,0	61,2	60,2	52,1	t
Reduzierte Massen . .	8,70	6,25	6,15	5,30	tsek²/m
$b_{max} = \frac{5{,}4\ t}{\text{Massen}}$ . . .	0,62	0,86	0,88	1,02	m/sek²

Die Werte für die vier Fälle steigen nicht völlig gesetzmäßig an; bei der Ausbildung der Typenreihen erzielt man bekanntlich die Abstufung der Leistungen durch Kombinationen verschiedener Ankerdurchmesser mit verschiedenen Ankerlängen; infolgedessen wird man beim Herausgreifen beliebiger Motoren mitunter auf Typen von relativ großer Ankerlänge und mitunter auf Typen von relativ geringer Ankerlänge stoßen, so daß ihre Schwungmomente im Verhältnis zur Leistung das eine Mal klein, das andere Mal groß erscheinen, wodurch sich die erwähnte Ungesetzmäßigkeit erklärt. — Die reduzierten Massen des Vorgeleges wurden in allen Fällen auf die Hälfte von den Massen der Asynchronmotoren, also auf ein Drittel von den 1,5 mal so großen Massen der Kommutatormotoren geschätzt.

Die vorstehend für 500 m Teufe durchgeführte Berechnung der Massen und Beschleunigungen wurde für andere Teufen wiederholt; mit zunehmender Teufe nehmen die Massen des Seiles stark zu, weil bei Bemessung des Seilquerschnittes in steigendem Maße auf das Eigengewicht des Seiles Rücksicht zu nehmen ist. Das Seilgewicht, das bei 500 m Teufe 6,5 t betrug, wird bei 1000 m schon 22,5 t, bei 1500 m 55,0 t betragen. Infolge dieser Schwierigkeit haben die Teufen über 1000 m — falls man nicht die Sicherheit bei der Seilberechnung vermindern wollte — keine praktische Bedeutung mehr, und sind hier nur zur Betrachtung mit herangezogen, um die Übersicht über die Grenzfälle zu erleichtern.

Theoretisch muß offenbar die Fahrzeit des Kommutatormotors etwas länger werden als die des Asynchronmotors, erstens weil bei gleichen Höchstgeschwindigkeiten nur für den Kommutatormotor ein Diagramm mit abnehmender Beschleunigung gewählt wurde, und zweitens weil Beschleunigung und Verzögerung infolge der größeren Massen des Motorankers geringer ausfallen. Dieser Zeitverlust beträgt aber nur wenige Sekunden, und dürfte daher praktisch durch die sicherere Beherrschung der Geschwindigkeit beim Einfahren mindestens wett gemacht werden.

Zur Feststellung der Wirkungsgrade in Abhängigkeit von Höchstgeschwindigkeit und Teufe wurden nun für jede der angenommenen vier Geschwindigkeiten und verschiedene Teufen die Werte s_b nach Formel 21 und 23 ermittelt, die Werte s_v errechnen sich zu

$$s_v = \frac{v_{max}^2}{2} \cdot \frac{M}{Z_{stat.}} \tag{35}$$

Die Werte s_f ergeben sich dann bei Annahme verschiedener Teufen s als Differenz von s und $(s_b + s_v)$. Formel 33 liefert alsdann unter Einsetzung der aus Fig. 26 und 27 gefundenen Werte für η_b und η_f die elektrischen Wirkungsgrade für die ganzen Förderzüge. Der Verbrauch der Hilfsmaschinen, der für den Vergleich belanglos ist, ist dabei nicht berücksichtigt.

Das Ergebnis der Berechnungen zeigen die Kurven von Bild 28. Aus denselben ist zweierlei zu entnehmen:

1. Der Energieverbrauch des Kommutatormotors wird kleiner als der des Asynchronmotors, wenn die Geschwindigkeit im Verhältnis zur Teufe groß ist, die Beschleunigungs- und Verzögerungsperioden also lang gegenüber der Vollfahrtzeit werden, hingegen größer als der des Asynchronmotors, wenn die Geschwindigkeit im Verhältnis zur Teufe klein ist, also die Vollfahrtzeit ausschlagend für den Wirkungsgrad wird.

2. Im Bereich sehr großer Teufen, bei denen die Massen infolge der hohen Seilgewichte groß werden, bei denen sich also immer vergleichsweise lange Beschleunigungs- und Verzögerungsperioden ergeben,

verbraucht der Kommutatormotor weniger Energie als der Asynchronmotor.

Dies sind jedoch nur Anhaltspunkte für vorläufige Abschätzung der Verhältnisse. Für die Entscheidung im einzelnen Falle sind eingehende Wirtschaftlichkeitsberechnungen unerläßlich, da je nach dem Energiepreis, der Ausnutzung der Anlage usw. ganz verschiedene Anordnungen das günstigste Ergebnis liefern werden.

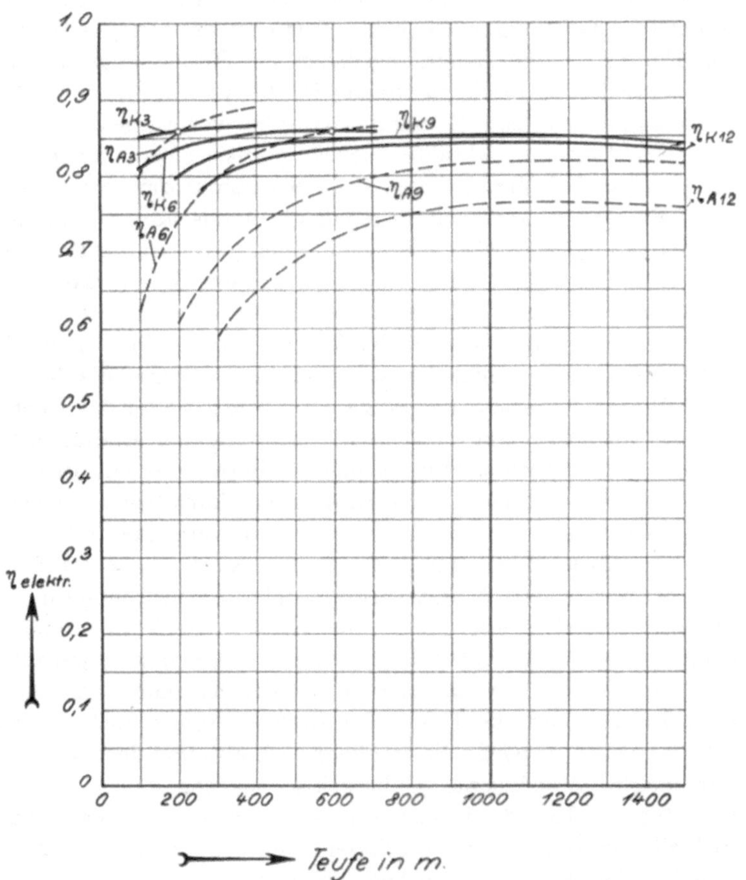

Fig. 28.

Wirkungsgrade von Asynchronmotor und Kommutatormotor bei Antrieb einer Vierwagen-Fördermaschine mit Unterseil, freier Massenauslauf.

Höchstgeschwindigkeit	Asynchronmotor	Kommutatormotor
3 m/sec.	η_{A_3}	η_{K_3}
6 „	η_{A_6}	η_{K_6}
9 „	η_{A_9}	η_{K_9}
12 „	$\eta_{A_{12}}$	$\eta_{K_{12}}$

Übrigens wird der tatsächliche Energieverbrauch der Motoren unter allen Umständen höher ausfallen, als sich nach den Kurven von Fig. 28 ergibt, weil noch eine Reihe von Nebeneinflüssen zur Mitwirkung kommen.

Beim langsamen Einfahren in die Hängebank sowie beim Umsetzen hat der Motor nochmals nicht unbedeutende Drehmomente bei niedriger Geschwindigkeit, also mit geringem Wirkungsgrad, herzugeben, wodurch sich die Verluste erhöhen. Dieser Umstand wird beim Asynchronmotor nachteiliger als beim Kommutatormotor. — Von erheblichem Einfluß ist die Benutzungsdauer der Förderanlage zur Seilfahrt mit verminderter Geschwindigkeit; ist dieselbe hoch, so wird das Gesamtbild zugunsten des Kommutatormotors verschoben. — Auch während eines längeren Abteufbetriebes können sich nennenswerte Energieersparnisse bei Verwendung eines Kommutatormotors ergeben. — Häufiges Einhängen kann das Ergebnis gleichfalls stark beeinflussen, je nach den Umständen in verschiedenem Sinne. — Bei Fördermaschinen ohne Seilausgleich werden die Verhältnisse für den Kommutatormotor vergleichsweise günstiger, weil bei ihnen die statischen Kräfte während der Anfahrperiode groß, während der Verzögerungsperiode klein sind, was eine Erhöhung der Anfahrleistung und in der Regel die Notwendigkeit künstlicher Bremsung zur Folge hat. Beides ist für den Energieverbrauch des Asynchronmotors von viel nachteiligerem Einfluß als für den des Kommutatormotors, obwohl sich die Betriebsverhältnisse dabei auch für diesen verschlechtern. Die Anwendung künstlicher Bremsung, die sich bei Maschinen ohne Seilausgleich selten vermeiden läßt, wenn man nicht eine übermäßig lange Auslaufzeit in Kauf nehmen will, führt zu einem beträchtlichen Energieverlust; beim Asynchronmotor muß mechanisch gebremst werden, was die vollständige Vernichtung der Bremsenergie bedeutet, während bei der elektrischen sogenannten Nutzbremsung, die der Leonardantrieb und der Kommutatormotor gestatten, höchstens etwa die Hälfte der Bremsenergie zurückgewonnen und der Rest vernichtet wird. Es empfiehlt sich also von der künstlichen Bremsung möglichst sparsamen Gebrauch zu machen.

Die Preise der drei Anordnungen lassen sich naturgemäß nicht auf eine einfache Formel bringen; um auf einen wesentlichen Unterschied aufmerksam zu machen, sind in Fig. 29 überschläglich berechnete Preise für elektrische Ausrüstungen einer Fördermaschine mit einem effektiven Leistungsbedarf von 400 PS in Abhängigkeit von der gewählten Höchstdrehzahl des Fördermotors aufgetragen. Die Kurve für den Kommutatormotor nimmt einen gleichartigen Verlauf wie die des Asynchronmotors, liegt aber etwa 80% höher. Dagegen verläuft die Kurve für den Leonardantrieb wesentlich flacher und schneidet die des Kommutatormotors. Bei hoher Drehzahl wird der

Kommutatormotor, bei niedriger Drehzahl der Leonardantrieb billiger. Der Grund hierfür ist in folgendem zu suchen: Der Gesamtpreis jeder Ausrüstung setzt sich aus dem Preis des Motors selbst, der von Leistung und Drehzahl abhängt, und dem Preis der Zubehörteile, der nur von der Leistung, nicht von der Drehzahl abhängig ist, zusammen; bei einer bestimmten Leistung sind bei Änderung der Drehzahl nur die Kosten des Fördermotors variabel, während die übrigen Kosten konstant sind. Nun ist beim Leonardantrieb der konstante Teil des Gesamtpreises — hierzu gehört der Umformer — sehr erheblich, während der

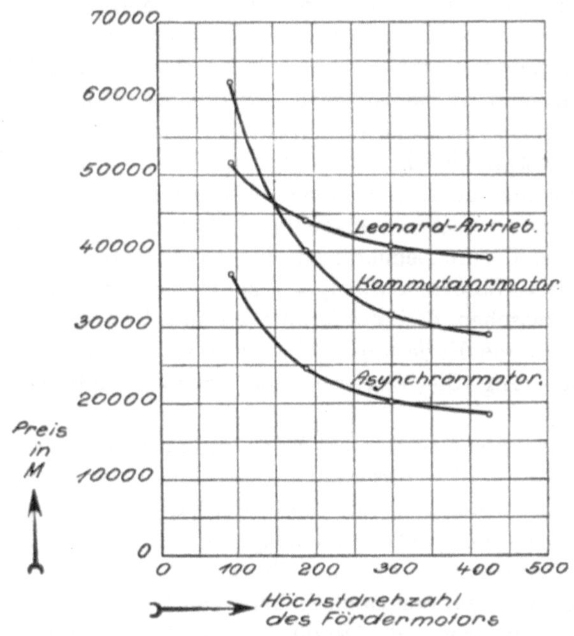

Fig. 29.
Fördermaschinenantrieb von 400 PS Effektivleistung.
Preise der elektrischen Ausrüstungen bei Wahl verschiedener Motordrehzahlen.

variable Teil, der Gleichstromfördermotor, weit billiger ist als der Drehstrom-Kommutator-Fördermotor. Infolgedessen wächst bei Herabsetzung der Drehzahl der Gesamtpreis der Leonardanlage langsamer und wird schließlich von dem der Kommutatormotoranlage überholt. Von Einfluß hierauf ist auch, daß die Preise der Kommutatormotoren — wie übrigens auch die der Asynchronmotoren — bei sehr niedrigen Drehzahlen wegen der hohen Polzahl schneller ansteigen als die der Gleichstrommotoren, bei denen man an die Polzahl nicht gebunden ist.

Wenn im Interesse der Beschränkung der Massenkräfte unmittelbare Kupplung des Motors mit der Förderwelle erwünscht ist, sprechen daher die Anschaffungskosten für den Leonardantrieb. Bei größeren Leistungen, die nur noch mit Doppel-Kommutatormotoren erreichbar sind, wird der Leonardantrieb auch bei höheren Drehzahlen kaum teurer als der Kommutatormotorantrieb. Die Kommutatormotoren kommen demnach vorzugsweise für die kleineren Fördermaschinen mit Vorgelege in Betracht. Den Vorzug des geringeren Energieverbrauches dürften sie jedoch unter allen Umständen behalten; es sind daher auch Fälle denkbar, in denen teure langsamlaufende Doppel-Kommutatormotoren bei der Wirtschaftlichkeitsberechnung am günstigsten abschneiden.

Hinsichtlich der Rückwirkung auf das Netz beim Anlauf steht der Kommutatormotor zwischen dem Asynchronmotor und Leonardantrieb. Beim Asynchronmotor tritt ein hoher Stromstoß und Leistungsstoß auf, beim Kommutatormotor wird der Stromstoß nahezu ebenso groß, aber der Leistungsstoß gering, beim Leonardantrieb sind Stromstoß und Leistungsstoß niedrig. — Liegt ein Bedürfnis nach Pufferung vor, so ist bei Anlagen mit Asynchronmotoren und Kommutatormotoren Aufstellung besonderer sehr kostspieliger Drehstrompuffermaschinen erforderlich, während beim Leonardantrieb nur ein Schwungrad an den ohnedies benötigten Umformer gekuppelt zu werden braucht. Da der Preisunterschied zwischen den Förderanlagen mit Leonardantrieb und Kommutatormotor ohne Pufferung nicht groß ist, werden bei Hinzukommen der Pufferung die ersteren ganz erheblich billiger (Ilgner-Anlagen).

Zu der technischen Seite der Verwendung der Drehstrom-Kommutatormotoren für Förderanlagen ist folgendes zu bemerken:

Die Kommutatormotoren mit Reihenschlußverhalten stehen der Leonardschaltung in bezug auf Betriebssicherheit und Einhaltung des vorgeschriebenen Fahrdiagramms erheblich nach. Schafft man bei dieser durch Anordnung eines auf den Steuerhebel einwirkenden Teufenzeigers eine Abhängigkeit zwischen der Stellung des Förderkorbes und der Geschwindigkeit, so ist das Förderdiagramm unabhängig von der Größe und Richtung des Lastmomentes ein für allemal festgelegt; der Teufe ist Punkt für Punkt ein höchster nicht überschreitbarer Geschwindigkeitswert zugeordnet, der so gewählt wird, daß der Förderzug in möglichst kurzer Zeit, aber unter Einhaltung der im Interesse der Sicherheit des Betriebes und der Schonung der Maschinen liegenden Grenzen für die Beschleunigung und die Verzögerung durchgeführt wird.

Die Drehstrom-Reihenschlußmotoren haben diese eindeutige Beziehung zwischen der Stellung des Steuerorgans und der Geschwindigkeit, beruhend auf der Unabhängigkeit der Geschwindigkeit von der Belastung, nicht. Richtet man bei ihnen einen Teufenzeiger ein, der mit Hilfe eines Kurvenschubes bei einer bestimmten Teufe die elektrische Bremsung durch Zurückbewegung der Bürsten einleitet, so kann die in diesem

Moment bestehende Geschwindigkeit ganz verschieden sein. Würde der Kurvenschub so entworfen, daß die Maschine bei normaler Belastung kurz vor der Hängebank zum Stillstand kommt, so würde sie bei größerer Belastung eine beträchtliche Strecke vor der Hängebank stillgesetzt, bei kleinerer Belastung und namentlich beim Einhängen übertreiben. Aus Gründen der Sicherheit hätte man demnach die Kurvenschübe so zu entwerfen, daß die Maschine bei normaler Belastung schon weit vor der Hängebank zum Stillstand kommt, so daß der letzte Teil des Zuges vom Maschinisten mit der geringen Geschwindigkeit, welche ihm der Kurvenschub dann noch einzustellen gestattet, beendet werden muß. Hierdurch geht aber beim Einfahren einerseits viel Zeit verloren, andererseits erhöht sich der Energieverbrauch merklich, weil der Wirkungsgrad des Motors bei niedriger Geschwindigkeit sehr gering ist. — Will man diese beiden Nachteile vermeiden, so muß man auf die Vorrichtungen zur selbsttätigen Stillsetzung verzichten und sich auf den Maschinisten verlassen; dieser wird jedoch große Aufmerksamkeit und Geschicklichkeit aufwenden müssen, um die Maschine zweckmäßig zu steuern, da ihm häufig die Größe der Belastung der Förderschalen gar nicht bekannt ist.

Kommutatormotoren mit Reihenschlußverhalten werden daher nur für kleinere Fördermaschinen und Förderhaspel von geringerer Wichtigkeit zu empfehlen sein, wo der Verzicht auf die selbsttätige Stillsetzung zulässig ist. Hinsichtlich der Betriebssicherheit bei Personenförderung sind sie nicht höher zu bewerten als Dampffördermaschinen.

Bei wichtigeren Anlagen, wo die Sicherung durch einen Teufenzeiger wertvoll ist, werden zweckmäßig Kommutatormotoren mit Nebenschlußverhalten verwandt. Hierfür kommen der Nebenschlußmotor mit Stufenschalter oder Drehtransformator und der Reihenschlußmotor mit selbsttätiger Regelung auf Nebenschlußverhalten in Frage. Die Stufenschaltung bereitet wegen der hohen Schaltleistungen große Schwierigkeiten und kann auch kaum genügend feinstufig ausgebildet werden. Die anderen beiden Anordnungen erlauben stetige Regelung. Wie schon an früherer Stelle erwähnt, wird der Reihenschlußmotor mit erzwungenem Nebenschlußverhalten bei großen Leistungen erheblich billiger als die eigentlichen Nebenschlußmotoren mit den zugehörigen Apparaten; bei Ausbildung einer geeigneten Steuerung, bei der die Nacheilung der Geschwindigkeit gegenüber dem vom Teufenzeiger bestimmten Sollwert genügend klein bleibt, wird dieser Motor daher die zweckmäßigste Anordnung ergeben. Wie oben gezeigt, ist das Nebenschlußverhalten geradezu als Voraussetzung für die Erreichung der möglichen Energieersparnis gegenüber der Leonardschaltung anzusehen.

Den Leonardantrieben werden, falls die Ausbildung von Kommutatormotorantrieben mit Nebenschlußverhalten und Sicherung durch Teufenzeiger erfolgreich durchgeführt wird, diejenigen Anlagen verbleiben, deren Leistungen mit Kommutatormotoren nicht mehr beherrscht werden können.

Die Wahl der Motortype muß beim Drehstrom-Kommutatormotor besonders vorsichtig erfolgen. Es erscheint zweifelhaft, ob die Ermittlung der sogenannten Effektivleistung hier ein genügend richtiges Bild von der Beanspruchung des Motors gibt. Bei geringer Drehzahl treten infolge der hohen Sättigung im Eisen, infolge der Kurzschlußströme und infolge des niedrigen Leistungsfaktors Verluste auf, die in den Formeln für die Ermittlung der Effektivleistung nicht ausreichend zur Geltung kommen. Zu beachten ist, daß die Energieverluste beim Kommutatormotor sämtlich in der Maschine selbst in Wärme umgesetzt werden, während die Schlupfenergie des Asynchronmotors in dem getrennt aufgestellten Schlupfwiderstand vernichtet und abgeführt wird. Bestimmend für die Größe des Motors und die zur Wärmeabfuhr notwendigen Maßnahmen ist weniger die vom Motor mechanisch geleistete, als die im Motor vernichtete Energie. Vielleicht dürfte sich folgendes Berechnungsverfahren empfehlen: Man stellt für die verschiedenen Typen empirische Kurven dafür auf, welche Verluste bei verschiedenen Drehzahlen und bei bestimmten Übertemperaturen abgeführt werden können, errechnet dann im einzelnen Falle aus dem Förderdiagramm die Gesamtverluste — mit reichlichen Zuschlägen — und ermittelt die durchschnittliche Drehzahl für einen längeren Zeitraum; ist bei dieser Drehzahl keine ausreichende Abführung der Verluste zu erwarten, so hat man eine größere Type zu wählen, oder künstliche Ventilation anzuwenden.

Hebe- und Beförderungsmaschinen.

Unter den übrigen Hebe- und Beförderungsmaschinen, für die in der Regel Antrieb durch Reihenschlußmotor zweckmäßig ist, kommen für Drehstrom-Kommutatormotoren in erster Linie diejenigen in Betracht, bei denen eine einfache mechanische Verbindung zwischen dem Steuerstand und dem Bürstenträger des Motors geschaffen werden kann, wo also die Lage des Motors zum Führerstand dauernd festliegt. Ändert sich dagegen die Lage des Motors zum Führerstand, wie es beispielsweise bei Kranen mit Laufkatzen meistens der Fall ist, so muß eine Fernsteuerung angewandt werden. Diese kann entweder durch eine elektrische Übertragung der Bewegungen des Steuerhebels auf den Bürstenträger vermittels kleiner Hilfsmaschinen oder durch Regelung der Spannung des Hauptstromes bei feststehenden Bürsten nach dem

Schema der Abbildung 1 mit Hilfe einer Schaltwalzen- oder Schützensteuerung oder eines Drehtransformators bewirkt werden. Allen diesen Fernsteuerungen haften jedoch Nachteile an. Die Hilfsmotorsteuerung bedeutet namentlich in Anbetracht der mäßigen Leistungen, um die es sich bei diesen Antrieben im allgemeinen handelt, eine erhebliche Komplikation. Die Schaltwalzen- oder Schützensteuerung würde zwar im Prinzip den Steuerungen der Triebwagen von Einphasenbahnen nachgebildet werden können, jedoch wären hier drei Phasen statt einer zu schalten, auch wäre die Häufigkeit der Schaltungen weit höher, woraus sich bei der großen Zahl der Kontakte hohe Anschaffungs- und Instandhaltungskosten ergeben. Drehtransformatoren zum Zwecke der Spannungsregelung sind noch teurer und haben zudem so erhebliche Verstellwiderstände, daß eine genügend rasche Betätigung nur bei Verwendung von Hilfsmotoren erreichbar ist.

Somit wird in erster Linie der Kommutatormotor mit Bürstenverschiebung in größerem Maßstab für die Verwendung auf diesem Gebiet in Frage kommen, und zunächst nur dort, wo der Motor durch ein einfaches Gestänge vom Führerstand aus bedient werden kann.

Für die Bevorzugung des Drehstrom-Kommutatormotors gegenüber dem Asynchronmotor können hier im wesentlichen drei Gründe sprechen: Erhöhung der Leistungsfähigkeit der Anlage, Verminderung der Belastungsspitzen beim Anlauf, Verringerung des Energieverbrauchs.

Der zuerst angeführte Gesichtspunkt hat weitaus die größte Bedeutung. Der Drehstrom-Reihenschlußmotor gestattet teils infolge seines natürlichen Reihenschlußverhaltens, teils infolge seiner leichten Regelbarkeit die Geschwindigkeit in jeder Arbeitsphase so hoch zu wählen, wie es mit Rücksicht auf die Belastung des Netzes und die Beanspruchung des Triebwerks zulässig ist. Wenn ein Triebwerk für ein bestimmtes normales Drehmoment bei einer bestimmten Drehzahl berechnet und entworfen ist, so kann es bei geringeren Drehmomenten unbedenklich mit höheren Geschwindigkeiten betrieben werden. Der Asynchronmotor gestattet nicht, von dieser Möglichkeit Gebrauch zu machen, weil seine Synchrondrehzahl entsprechend der Geschwindigkeit bei vollem Drehmoment gewählt werden muß und darüber hinaus keine Steigerung möglich ist. Durch Verwendung von Motoren mit Polzahlwechsel, Anordnung zweier Motoren verschiedener Drehzahl, Kaskadenschaltungen und umschaltbarer Vorgelege lassen sich zwar mehrere Drehzahlstufen schaffen, zwischen denen aber der Übergang fehlt; alle diese Anordnungen sind daher betriebstechnisch unvollkommen und außerdem kompliziert. Der Reihenschlußmotor läßt sich dagegen so steuern, daß bei jeder Belastung die höchstzulässige Geschwindigkeit des Triebwerks erhalten wird. Diese Anpassung der Geschwindigkeit an die Belastung führt zu erheblichen Zeitersparnissen und erhöht damit die Leistungsfähigkeit der Maschine selbst und dadurch mittelbar auch die Ausnutzung der ganzen Anlage und der in ihr verkehrenden kostspieligen Fahrzeuge (Häfen).

Die Herabminderung der Spitzenleistung bei der Anfahrt ist bereits in dem Abschnitt Förderanlagen in Zusammenhang mit Fig. 25 eingehend besprochen worden. Es ist ohne weiteres verständlich, daß die Spannungsschwankungen, welche durch so unruhige Verbraucher wie große Kranmotoren im Netz hervorgerufen werden, bei weichem Verlauf der Anfahrdiagramme bedeutend gemildert werden.

Für den zu erwartenden Energieverbrauch gilt wieder dasselbe, was im Abschnitt Förderanlagen gesagt ist; bei vergleichsweise langer Anfahrzeit, kurzer Vollfahrzeit, dementsprechend bei hoher Geschwindigkeit und geringem Hub sind Ersparnisse auf seiten des Kommutatormotors zu erwarten, im entgegengesetzten Falle ein Mehrverbrauch. Erheblich werden die Ersparnisse freilich wohl niemals sein.

Somit ist die Steigerung der Leistungsfähigkeit der Anlage das Wesentlichste, was durch den Reihenschlußmotor gegenüber dem Asynchronmotor erreicht werden kann, und der Motor wird daher auch nur dort anwendungsberechtigt sein, wo es sich um die Erreichung dieses Zieles handelt. Sein höherer Preis wird in diesen Fällen kein ausschlaggebendes Hindernis bilden, da die Mehrkosten der elektrischen Ausrüstung für die Kosten der Gesamtanlage nicht viel ausmachen; zu beachten ist hierbei auch, daß der Preisunterschied bei hochbeanspruchten Umsteuerbetrieben weniger groß ist als sonst, weil auf der Seite des Asynchronmotors sehr kostspielige Steuerapparate notwendig sind.

Kommutatormotoren sind also nur für stark ausgenutzte Anlagen am Platze. Als Beispiele sind zu nennen Hafenkrane zum Beladen und Entladen von Schiffen, viel benutzte Schiebebühnen usw. Hingegen werden sie, um auch Gegenbeispiele anzuführen, für Gießerei- und Montagekrane in der Regel wenig Vorteil bieten.

Selbstverständlich wird von Fall zu Fall zu prüfen sein, ob sich die Wahl von Kommutatormotoren mit den praktischen Betriebsverhältnissen verträgt. Wo starke Verschmutzung zu erwarten ist und die Motoren schlecht zugänglich sind, wird sich ihre Verwendung nicht empfehlen. Daher dürften sie z. B. für Rollgänge ungeeignet sein, ganz abgesehen davon, daß Rollgangsmotoren in der Regel Fernsteuerung erhalten müssen. — Für Gichtaufzüge und Lastenaufzüge ergeben sich im wesentlichen ähnliche technische Anforderungen wie bei Fördermaschinen.

Wenn die Aufstellung einer größeren Anzahl von Motoren in Betracht kommt, so kann wieder die Frage zu untersuchen sein, ob Umformung auf Gleichstrom den Vorzug verdient. Eine gleichartige Untersuchung wurde schon in dem Abschnitt Bearbeitungsmaschinen für Nebenschlußmotoren angestellt, die wesentlichen Gesichtspunkte für den Vergleich haben dort bereits Erwähnung gefunden. Die Verhältnisse verschieben sich jedoch hier stark zugunsten der Drehstrom-Kommutatormotoren, weil der Preisunterschied zwischen den Drehstrom-Reihenschlußmotoren und den Gleichstrom-Reihenschlußmotoren mit Steuerapparaten geringer ist als bei Nebenschlußmotoren, ferner, weil für die Umformer häufig ein besonderer Raum eigens geschaffen werden müßte, und endlich, weil in vielen Fällen — so bei Hafenkrananlagen — die Leitungslängen weit größer werden.

Walzwerke mit Umkehr- und Anlaufbetrieb.

Beim Auswalzen von Walzgut geringer Länge können Umkehrwalzwerke vielfach wesentlich höhere Ausbeute ergeben als durchlaufende Walzwerke. Ist das Walzgut kurz, so wird die Zeitdauer der Walzstiche gering und die toten Zeiten zwischen den Stichen fallen vergleichsweise stark ins Gewicht. Diese toten Zeiten werden bei Umkehrwalzwerken von schneller Steuerbarkeit erheblich kleiner als bei durchlaufenden Trio- oder Doppelduowalzwerken, bei denen das Walzgut zwischen den Stichen von Hand oder durch Hebetische zu heben und zu senken ist. Ferner gestatten die leicht steuerbaren Umkehrwalzwerke Wahl der zweckmäßigsten Walzgeschwindigkeit für jeden einzelnen Stich.

Diese Vorteile müssen durch erhebliche Mehrausgaben für die elektrische Ausrüstung und durch Mehrverbrauch an Energie erkauft werden. Während die Motoren bei durchlaufenden Straßen infolge der ausgleichenden Wirkung der Schwungmassen eine nur in mäßigen Grenzen schwankende Belastung erhalten, kommen bei Umkehrstraßen, die mit Rücksicht auf die notwendige Steuerfähigkeit keine zusätzlichen Schwungmassen erhalten dürfen, die Belastungsstöße in voller Größe auf den Motor und die ihn speisenden Maschinen; am Anfang und Ende jedes Stiches treten hohe zusätzliche Drehmomente zum Beschleunigen und Verzögern der Massen auf.

Die Verhältnisse liegen für den Drehstrom-Kommutatormotor im allgemeinen nicht besonders vorteilhaft, weil beim Lauf mit niedrigen Drehzahlen und hohen Drehmomenten die Kommutatorbeanspruchung sehr hoch wird, und dieser ungünstige Betriebszustand bei den Umkehrwalzwerken mit ihren häufigen Umsteuerungen einen erheblichen Teil der gesamten Betriebszeit ausmacht. Man ist daher gezwungen, Motoren mit besonders niedriger Kommutatorspannung zu bauen, was die Grenze der mit einer Motoreinheit erreichbaren Leistung herabdrückt und zu vergleichsweise teuren Maschinen führt. Dagegen verursacht bei Leonardantrieben die relativ lange Dauer des Laufs mit niedriger

Geschwindigkeit und hohem Drehmoment keine besonderen Schwierigkeiten, da bei diesen die Kommutatorbeanspruchung mit sinkender Drehzahl abnimmt.

Weiter ist zu beachten, daß bei Umkehrwalzwerken wegen der häufigen Umsteuerungen unmittelbare Kupplung des Motors oder doch möglichste Beschränkung der Zahl der Vorgelege angestrebt werden muß, damit die Massenkräfte gering werden. Es werden somit langsam laufende Motoren zu bevorzugen sein, und dabei wird, wie in dem Abschnitt Förderanlagen bei Besprechung von Fig. 29 erwähnt wurde, der Leonardantrieb am billigsten. Dagegen dürfte der Energieverbrauch des Kommutatormotors wegen des günstigeren Wirkungsgrades bei voller Geschwindigkeit etwas niedriger ausfallen.

Technisch gestaltet sich ein Kommutatormotorantrieb hier ziemlich einfach. Da die Umkehrmotoren ständig von Hand gesteuert werden, verursacht das Reihenschlußverhalten keine Unzuträglichkeiten; die zur Erzielung eines bestimmten Geschwindigkeisverlaufes notwendigen Bewegungen gehen dem Führer auch bei Reihenschlußmotoren schnell ins Gefühl über, wie die Erfahrungen an Umkehrwalzwerken mit Dampfbetrieb beweisen; allerdings sind nur Reihenschlußmotoren mit stabiler Charakteristik brauchbar.

Jedoch infolge der oben erwähnten Schwierigkeiten werden die Drehstrom-Kommutatormotoren wohl nur bei Umkehrwalzwerken von kleiner Leistung anwendbar sein, für die man auch bei Leonardantrieb mehrfache Vorgelege anwenden müßte; ein Beispiel hierfür bilden die kleinen Umkehrstraßen für Beiblech.

Radscheiben- und Bandagenwalzwerke arbeiten ohne Umsteuerung, aber mit Stillsetzen und Wiederanlassen in periodischen Zeitabschnitten in der Größenordnung von etwa 2 Minuten; sie erfordern gleichfalls Anlaufmotoren. Nach dem Einlegen des Walzgutes wird zuerst mit voller Geschwindigkeit gewalzt; mit zunehmender Abkühlung des Walzgutes vermindert man die Drehzahl allmählich auf etwa $^2/_3$ bis $^1/_2$ des Höchstwertes, wobei der Leistungsbedarf annähernd gleich bleibt; bei dem großen Regelbereich können Kommutatormotoren oder regelbare Gleichstromantriebe den Asynchronmotoren unter Umständen wirtschaftlich überlegen werden. Die Beanspruchung der Motoren dürfte einigermaßen ähnlich wie bei Fördermaschinen sein, nur daß wegen der geringeren Massen der Anlauf schneller erfolgt. Bei Wahl von Kommutatormotoren wird man hier gut daran tun, nicht Motoren mit reinem Reihenschlußverhalten zu verwenden, um störende Drehzahlschwankungen bei ungleichmäßiger Betätigung der Walzenanstellung zu vermeiden.

Hobelmaschinen.

Bei Hobelmaschinenantrieb mit Regelmotoren treten folgende Anforderungen auf: Einregelung der zweckmäßigsten Schnittgeschwindigkeit entsprechend der Qualität des Werkstückes, des Stahles und der Spanstärke muß möglich sein; die Geschwindigkeit darf sich auch bei Unterbrechungen des Schnittes während des Arbeitsganges (z. B. beim Hobeln von Werkstücken mit Arbeitsleisten) nicht wesentlich steigern; der Rücklauf muß mit möglichst hoher Geschwindigkeit erfolgen, damit Zeit erspart und die Produktion erhöht wird; die Umsteuerungen müssen aus dem gleichen Grunde schnell und genau erfolgen. Aus vorstehendem geht hervor, daß nur Nebenschlußmotoren brauchbar sind.

Es sind zwei grundsätzlich verschiedene Systeme möglich: Entweder man benutzt den regelbaren Motor zur Geschwindigkeitsregelung und zum Umsteuern, oder man läßt ihn mit Geschwindigkeitsregelung durchlaufen und weist die Umsteuerung einem Wendegetriebe zu (offene und gekreuzte Riemen, elektromagnetische Kupplungen). Bei der letzteren Anordnung werden die Beschleunigungsleistungen kleiner, doch werden die Kosten für die kleinere Motortype zusammen mit dem Wendegetriebe nicht viel niedriger werden wie die der größeren für den Umsteuerbetrieb bemessenen Motortype.

Der Nebenschlußmotor mit Regelung der Läuferspannung (Fig. 4) kann bei Wahl von Stufenschaltung durch eine Schaltwalze oder durch Schützen gesteuert werden, bei Wahl eines Drehtransformators durch einen Hilfsmotor; im ersten Falle würde die Steuerung unmittelbar von den Knaggen der Hobelmaschine aus bewirkt werden können, in den anderen beiden Fällen durch Vermittlung von Hilfsstromkreisen. Bei dem Nebenschlußmotor mit Schleifringen nach Fig. 5 kann man die Knaggen auf den Antrieb der Bürstenverschiebung einwirken lassen. Für diesen Motor und den Motor mit Drehtransformator ist bei Umsteuerung des Motors außerdem noch ein Umschalter zur Vertauschung zweier Phasen mit zu betätigen.

Diese Anordnungen würden in Wettbewerb mit folgenden älteren Arten des Hobelmaschinenantriebes mit Regelmotoren treten:

1. Antrieb mit Leonardschaltung.
2. Antrieb mit umsteuerbarem Gleichstrommotor mit Feldregelung und Anlaßwiderständen.
3. Antrieb mit durchlaufendem Gleichstrommotor mit Feldregelung und Wendegetriebe.

Für die Fälle 2. und 3. wird Voraussetzung sein, daß eine Drehstrom-Gleichstrom-Umformeranlage zur Speisung einer größeren Anzahl von regelbaren Motoren für irgendwelche Zwecke vorhanden ist. Die dafür in Betracht kommenden Gesichtspunkte sind bereits in dem Abschnitt über durchlaufende Bearbeitungsmaschinen besprochen worden. — Ist in der Werkstätte ausschließliche Verteilung mit Drehstrom gewählt, so dürften die Hobelmaschinenantriebe mit Drehstrom-Kommutatormotoren gegenüber der Leonardschaltung eine Verbilligung ergeben und Raumersparnisse ermöglichen; dafür werden aber ihre starken phasenverschobenen Ströme bei den Umsteuerungen unter Umständen störend empfunden werden.

Zusammenfassung.

Die Umstände, welche auf die Zweckmäßigkeit oder Unzweckmäßigkeit der Verwendung von Drehstrom-Kommutatormotoren Einfluß haben, sind so mannigfaltig, daß sich allgemeine feste Regeln dafür nicht ableiten lassen. Zum Anhalt für die Projektierung können jedoch folgende Gesichtspunkte dienen:

1. Die Ausführbarkeitsgrenze der Drehstrom-Kommutatormotoren ist beschränkt auf folgende Werte in PS:

$$\text{Bei leichten Betrieben etwa } \frac{200\,000}{n_{max}},$$

$$\text{bei schweren Betrieben etwa } \frac{140\,000}{n_{max}}.$$

Hierbei sind als Höchstdrehzahlen bei der Frequenz 50 ungefähr anzunehmen

$$n_{max} = \frac{4000}{\text{eine ganze Zahl}}.$$

Mit Doppelmotoren sind doppelt so große Leistungen erreichbar.

2. Die Anschaffungskosten der Drehstrom-Kommutatormotoren werden um 50% bis 100% höher als die der Asynchronmotoren. Schnellaufende Kommutatormotoren sind billiger, langsamlaufende Kommutatormotoren teurer als Gleichstrommotoren mit Leonardumformer oder Einankerumformer; mit steigender Zahl der Antriebe werden die Kosten der Umformung vergleichsweise geringer.

3. Die Kosten für Wartung und Instandhaltung der Kommutatormotoren sind wegen des Kommutators und der Bürsten höher als die der Asynchronmotoren. Den Gleichstrommotoren mit Umformeranlage zusammen sind die Kommutatormotoren hierin als etwa gleichwertig anzusehen.

4. Im Energieverbrauch sind die Kommutatormotoren gegenüber den Asynchronmotoren nur dann günstiger, wenn bei gleichmäßiger Benutzung aller Geschwindigkeitsstufen der Regelbereich mindestens 12% bei konstantem Moment, mindestens 18% bei quadratisch mit der Drehzahl abnehmendem Moment beträgt. Je höher die Dreh-

momente bei den niedrigen Drehzahlen des Regelbereichs sind, desto größere Ersparnisse sind möglich. Sinkt, ausgehend von der Höchstdrehzahl, das Drehmoment schneller als mit der zweiten Potenz der Drehzahl, so sind keine Ersparnisse mehr zu erwarten. Günstiger werden die Verhältnisse für die Kommutatormotoren, wenn die niedrigen Drehzahlen überwiegend benutzt werden.

Gegenüber den Leonardantrieben beträgt die Energieersparnis der Drehstrom-Kommutatormotoren etwa 10 %, gegenüber den Gleichstrommotoren mit Einanker-Umformern etwa 2 % im Durchschnitt.

5. Für die Disposition der Gesamtanlage sind die Drehstrom-Kommutatormotoren den Asynchronmotoren als gleichwertig, den Anordnungen mit Umformung als wesentlich überlegen anzusehen.

6. In technischer Hinsicht lassen sich mit Drehstrom-Kommutatormotoren nahezu alle mit Gleichstrommotoren erreichbaren Wirkungen erzielen. Soweit wie möglich ist der Drehstrom-Reihenschlußmotor wegen seines vergleichsweise niedrigen Preises zu bevorzugen. Fernsteuerungen sind möglichst zu vermeiden.

Für die einzelnen Anwendungsgebiete wurde festgestellt:

Bei Ventilatoren kann das wirtschaftliche Gesamtergebnis in manchen Fällen durch Drehstrom-Kommutatormotoren verbessert werden, so daß sich ihre Anschaffung rechtfertigt. Die Ersparnis wird aber nie erheblich sein, und wo sie nicht mit voller Bestimmtheit erwartet werden kann, wird in der Regel der Asynchronmotor mit Widerstandsregelung wegen seines geringeren Anschaffungspreises zu bevorzugen sein.

Bei Schleuderpumpen können Kommutatormotoren insbesondere dann wirtschaftlich vorteilhaft sein, wenn auf verschiedene statische Druckhöhen zu fördern ist und die Motoren bei jeder Druckhöhe gut ausgenutzt arbeiten; doch werden sie auch hier keine große Bedeutung erlangen.

Bei Kolbenkompressoren und -gebläsen läßt sich bei Drehzahlregelung mit Kommutatormotoren nur in besonderen Fällen ein geringerer Verbrauch an Energie erreichen als bei mechanischer Regelung der Hublieferung und Antrieb mit ungeregelten Motoren. Meist werden durchlaufende Asynchronmotoren den Vorzug verdienen.

Bei Kolbenpumpen ist weitgehende Änderung der Drehzahl die einzige Möglichkeit zur Regelung der Liefermenge. Da es sich meistens um Regelung mit gleichbleibendem Drehmoment handelt, werden Kommutatormotoren hier sehr wirtschaftlich.

Bei durchlaufenden Walzenstraßen bieten die Drehstrom-Kommutatormotoren gegenüber den Asynchronmotoren technische Vorteile durch die bessere Beherrschung der Geschwindigkeit und infolge der Verminderung der Belastungsschwankungen, ferner wirtschaftliche Vorteile, weil bei Betrieb mit verminderter Drehzahl erhebliche Energieersparnisse auftreten.

Für Bearbeitungsmaschinen und Spinnmaschinen sind die Drehstrom-Kommutatormotoren den Gleichstrommotoren mit Umformung zwar wirtschaftlich nicht wesentlich überlegen, aber im Interesse der Einfachheit der Anlage zweckmäßig, weil sie Vermeidung der Umformung und Einheitlichkeit der Energieverteilung ermöglichen.

Für Förderanlagen werden sie dem Leonardantrieb technisch erst dann gleichwertig sein, wenn Steuerungen zur genauen Überwachung der Geschwindigkeit durch den Teufenzeiger durchgebildet sind, wirtschaftlich sind sie ihm überlegen. Den Asynchronmotoren gegenüber können sie gemeinsam mit der Leonardschaltung insbesondere dort vorteilhaft sein, wo die Fördergeschwindigkeit vergleichsweise groß im Verhältnis zur Teufe ist.

Bei Hebe- und Beförderungsmaschinen ermöglichen die Drehstrom-Kommutatormotoren infolge der Anpassung der Geschwindigkeit an die Größe der Last erhöhte Ausnutzung, doch sind sie im allgemeinen nur dort zweckmäßig, wo keine Fernsteuerungen benötigt sind.

Bei kleineren Umkehrwalzwerken (Radscheiben- und Bandagenwalzwerken) sowie bei Hobelmaschinen können sie unter Umständen wegen der geringeren Anschaffungskosten mit Vorteil an Stelle der Leonardschaltung Verwendung finden.

Beachtenswert für die Aufstellung der Typenreihen ist, daß die Einführung der Drehstrom-Kommutatormotoren in größerem Umfange durch die hohen Herstellungskosten sehr erschwert wird. Das wichtigste Mittel, diese Kosten zu vermindern, wird die Massenherstellung sein; um diese zu ermöglichen, wird vor allem eine möglichst starke Beschränkung der Typenzahl angestrebt werden müssen. Die zahlreichen Kombinationen von Leistungen und Drehzahlen, die bei den billigen und elektrisch günstigen Gleichstrom- und Asynchronmotoren ohne Nachteil eingeführt werden konnten, lassen sich auf die teuren und elektrisch verhältnismäßig ungünstigen Drehstrom-Kommutatormotoren schlecht übertragen. Zweckmäßig wären für jede Leistung einige wenige Drehzahlen, bei denen sich vorteilhafte Maschinen ergeben, auszuwählen, und nur diese Typen zu fabrizieren; die Anpassung an die Drehzahl des arbeitenden Teils der angetriebenen Maschine wird sich meistens ohne Schwierigkeit durch geeignete Anordnung der Vorgelege erreichen lassen.